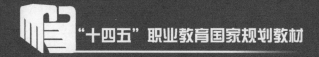

"十四五"职业教育国家规划教材

计算机应用情境教学

基础教程拓展实训

(Windows 10+ WPS Office)

第2版

Computer Application
Basic Tutorial of Situational Teaching

王竝 | 主编
陈园园 王瑾 杨小英 | 副主编

人民邮电出版社
北京

图书在版编目（CIP）数据

计算机应用情境教学基础教程拓展实训 : Windows10+ WPS Office / 王竝主编. -- 2版. -- 北京 : 人民邮电出版社, 2025. --（高等职业院校信息技术基础系列教材）. -- ISBN 978-7-115-65810-4

Ⅰ. TP316.7; TP317.1

中国国家版本馆CIP数据核字第2024AV9934号

内 容 提 要

本书是《计算机应用情境教学基础教程（Windows 10+WPS Office）（微课版）（第2版）》的拓展实训教材，以Windows 10操作系统中的WPS Office为平台，将主教材中的知识要点汇集成17个基本练习和9个拓展练习，旨在帮助读者掌握基本操作内容，提高综合应用水平。其中，拓展练习中给出了具体的操作步骤，便于读者自学。

本书既可作为高等职业院校“计算机应用基础”及“信息技术基础”课程的辅助教材，又可作为计算机初学者的自学用书。

◆ 主　　编　王　竝
　副 主 编　陈园园　王　瑾　杨小英
　责任编辑　郭　雯
　责任印制　王　郁　焦志炜

◆ 人民邮电出版社出版发行　　北京市丰台区成寿寺路11号
　邮编　100164　　电子邮件　315@ptpress.com.cn
　网址　https://www.ptpress.com.cn
　北京七彩京通数码快印有限公司印刷

◆ 开本：787×1092　1/16
　印张：5.5　　2025年6月第2版
　字数：115千字　　2025年8月北京第2次印刷

定价：29.80元

读者服务热线：(010)81055256　印装质量热线：(010)81055316
反盗版热线：(010)81055315

前 言

为了帮助读者更好地掌握计算机应用基础知识，提高综合应用水平，编者在主教材——《计算机应用情境教学基础教程（Windows 10+WPS Office）（微课版）（第2版）》的基础上，编写了本书。

接下来，让小C带领大家走进实训的天地。本书将主教材中的知识要点汇集成17个基本练习和9个拓展练习。在基本练习中，本书将只列出相关要求，在学习主教材期间，大家如果能很好地领会学习要点，就可以打开本书，按照所提出的要求独立完成相关的操作步骤；在拓展练习中，将给出详细的操作步骤，旨在帮助大家进一步提高计算机的应用能力。

要学好计算机应用基础，就要加强动手能力的培养。希望大家在实训的时候，认真记录好每一点进步，小C将为大家加油鼓劲。

本书由苏州工业职业技术学院的王竝担任主编，陈园园、王瑾、杨小英担任副主编。参与编写的还有李良、吴咏涛、吴阅帆和来自苏州慧工云信息科技有限公司的张兵工程师等。欢迎大家对书中存在的不足提出宝贵意见，也希望大家能喜欢谭佳怀等一起设计和绘制的小C形象。

最后，祝大家在实训过程中享受到学习带来的快乐！

编　者

2024年12月

目 录

PART 1

书面作业：主题论述——基本练习

实训要求

从以下主题中选择一项进行论述。

1. 浅谈计算机的发展史。
2. 浅谈计算机的特点及应用。
3. 浅谈计算机网络的发展。

不要拘泥于书本，可利用网络查找与主题相关的资料，全文字数在 300 字以上，要有自己的见解，并且字迹端正。

友情提醒：打开浏览器，进入百度网站的主页，在页面的搜索栏中输入关键字，如“计算机的发展史”，按<Enter>键进行搜索。

浅谈________________

____

____

____

____

____

____

____

____

____

要求	能正确搜索到相关内容，主题明确（6分）	有自己的见解，字迹端正（2分）	字数达标（2分）
评分			
总分			

PART 2

书面作业：进制转换——基本练习

实训要求

完成以下进制数转换，并给出具体的计算过程。

1. $(1011001)_2 = (\qquad)_{10}$

2. $(96)_{10} = (\qquad)_2$

3. $(142)_8 = (\qquad)_{16}$

4. $(ABC)_{16} = (\qquad)_{10}$

5. $(2016)_{10} = (\qquad)_8$

要求	1（2分）	2（2分）	3（2分）	4（2分）	5（2分）
评分					
总分					

PART 3 Windows 基本操作——基本练习

练习 1

实训要求

1. 窗口操作，具体要求如下。

（1）打开“此电脑”窗口，熟悉窗口中的各组成部分。

（2）练习“最小化”“最大化”“还原”按钮的使用。将“此电脑”窗口设置成最小化窗口和同时含有水平、垂直滚动条的窗口。

（3）练习功能区的显示与隐藏，熟悉快速访问工具栏中各按钮的名称。

（4）观察窗口控制菜单，然后关闭该菜单。

（5）打开“图片”“文档”窗口。

（6）用不同方式将“图片”窗口和“文档”窗口切换成当前窗口。

（7）将上述 3 个窗口分别以层叠、横向平铺、纵向平铺的方式排列。

（8）移动“图片”窗口到屏幕中间。

（9）以 3 种不同的方法关闭上述 3 个窗口。

（10）打开“开始”菜单，选择“Windows 系统”→“文件资源管理器”命令，练习滚动条的几种使用方法。

2. 菜单操作，具体要求如下。

在“查看”菜单中，练习复选框和单选按钮的使用，并观察窗口变化。

3. 对话框操作，具体要求如下。

（1）单击“查看”菜单中的“选项”按钮，打开“文件夹选项”对话框，分别浏览“常规”和“查看”两个选项卡中的内容，关闭该对话框并关闭“文件资源管理器”窗口。

（2）单击“计算机”菜单中的“打开设置”按钮，打开“设置”窗口，选择“设备”→“鼠标”选项，练习相关属性的设置。

4. 任务栏操作，具体要求如下。

将“Windows 附件”菜单中的“计算器”程序锁定到任务栏中。

练习 2

实训要求

1. 选择“开始”→“Windows 附件”→“记事本”命令，按顺序输入 26 个英文字母，再选择“文件”菜单中的“另存为”命令，在弹出的“另存为”对话框的“保存在”列表框中选择“桌面”选项，在“文件名”文本框中输入“LX1.txt”，单击“保存”按钮并关闭所有窗口。

2. 使用打字软件进行英文打字练习。

要求	练习 1-1（2分）	练习 1-2（2分）	练习 1-3（2分）	练习 1-4（2分）	练习 2-1（1分）	练习 2-2（1分）
评分						
总分						

PART 4

控制面板——基本练习

练习 1

实训要求

1. 查看并设置日期和时间。

2. 查看并设置鼠标属性。

3. 将计算机桌面壁纸设置为“Windows”，将屏幕保护程序设置为“3D 文字”，将文字设置为“计算机应用基础”，将字体设置为“微软雅黑”，并将旋转类型设置为“摇摆式”。

4. 安装打印机“HP DJ 4670 series”，并将其设置为默认打印机，在计算机桌面上创建该打印机的快捷方式，将其命名为“惠普打印”。

练习 2

实训要求

1. 添加/删除输入法。

2. 打开“记事本”程序，在计算机桌面上创建“打字练习.txt”，在该文件中正确输入以下文字信息（英文字母和数字采用半角，其他符号采用全角，空格采用全角、半角均可）。

在人口密集的地区，由于很多用户有可能共用同一无线信道，因此数据流量会低于其他种类的宽带无线服务。它的实际数据流量为 500kbit/s～1Mbit/s，这对中小型客户来说已经比较理想了。虽然使用这项服务的方法非常简单，但是网络管理员必须做到对许多因素（如服务的可用性、网络性能和 QoS 等）心中有数。

打字速度记录表如表 4-1 所示。

表 4-1

日期	类别（英文/中文）	速度（字母、字/分钟）	正确率（%）

要求	练习 1–1 （1分）	练习 1–2 （1分）	练习 1–3 （2分）	练习 1–4 （2分）	练习 2–1 （2分）	练习 2–2 （2分）
评分						
总分						

PART 5

文件——基本练习

实训要求

1. 在桌面上创建文件夹“fileset”，在“fileset”文件夹中新建文件“a.txt”“b.docx”“c.bmp”“d.xlsx”，并设置“a.txt”和“b.docx”文件属性为“隐藏”，设置“c.bmp”和“d.xlsx”文件属性为“只读”，将扩展名为.txt的文件的扩展名改为.html。

2. 将桌面上的文件夹“fileset”重命名为“fileseta”，并删除其中所有属性为“只读”的文件。

3. 在桌面上新建文件夹“filesetb”，并将文件夹“fileseta”中所有属性为“隐藏”的文件复制到该文件夹中。

4. 查找文件“calc.exe”，并将其复制到桌面上。

5. 在C盘中查找文件夹“Fonts”，将该文件夹中的文件“华文细黑.ttf”复制到文件夹“C:\Windows”中。

6. 将C盘卷标设为“系统盘”。

要求	1 （2分）	2 （1分）	3 （2分）	4 （1分）	5 （2分）	6 （2分）
评分						
总分						

PART 6

软硬件——基本练习

练习 1

实训要求

1. 在任务栏中创建一个快捷方式，指向“C:\Program Files\Windows NT\Accessories\wordpad.exe”，将其命名为“写字板”。

2. 在“下载”文件夹中创建一个快捷方式，指向“C:\Program Files\Common Files\microsoft shared\MSInfo\Msinfo32.exe”，将其命名为“系统信息”。

3. 在桌面上创建一个快捷方式，指向“C:\Windows\regedit.exe”，将其命名为“注册表”。

练习 2

实训要求

1. 将 C 盘卷标设为“Test02”。

2. 用“碎片整理和优化驱动器”程序整理 C 盘。

练习 3

实训要求

1. 用“记事本”程序创建名为“个人信息”的文档，输入自己的班级、学号、姓名，并设置字体为“楷体”，字号为三号。

2. 利用计算器计算以下各式。

$(1011001)_2=(\qquad)_{10}$

$(1001001)_2+(7526)_8+(2342)_{10}+(ABC18)_{16}=(\qquad)_{10}$

$\sin 60° =$

$12^{12}=$

3. 使用画图软件绘制主题为“向日葵”的图像。

4. 打开科学计算器，将该程序窗口的截图保存到桌面上，并将其命名为“科学计算器.bmp”。

要求	练习 1–1（1分）	练习 1–2（1分）	练习 1–3（1分）	练习 2–1（1分）	练习 2–2（1分）	练习 3–1（1分）	练习 3–2（2分）	练习 3–3（1分）	练习 3–4（1分）
评分									
总分									

PART 7

科技小论文编辑——基本练习

实训要求

1. 新建文件，将其命名为“科技小论文（作者小 C）.docx”，并保存到计算机桌面上。

2. 将新文件的上、下、左、右页边距均设置为 2.5 厘米，将“3.1 要求与素材.docx”中除题目要求外的其他文本复制到新文件中。

3. 插入标题“浅谈 CODE RED 蠕虫病毒”，将标题中的中、英文字体分别设置为“黑体”和 Arial，字号为“二号”，居中对齐，字符间距为加宽、1 磅，在标题下方插入学院、班级及作者姓名，并将这部分文字字体设置为“宋体”，字号为“小五”，居中。

4. 设置“摘要”及“关键词”所在的段落左、右各缩进 2 字符，字体为“宋体”，字号为“小五”，并给这两个词加上括号，效果为**【摘要】【关键词】**。

5. 调整正文顺序，将正文“1.核心功能模块”中的（2）与（1）两部分的内容调换。

6. 将正文中第 1、2 段中所有的“WORM”替换为“蠕虫”，并将所有的“蠕虫”添加红色（标准色）下划线和着重号。

7. 设置正文中的中文字体为“宋体”，英文字体为 Times New Roman，字号为“小四”，1.5 倍行距、首行缩进 2 字符，正文标题部分（包括参考文献标题，共 4 个）加粗，正文首字下沉。

8. 将“1.核心功能模块”的“（3）装载函数”中从“>From kernel32.dll:”开始到“closesocket”的代码分为两栏，左、右添加段落边框，底纹为“白色,背景 1,深色 5%”。选中“<MORE 4E 00>”行及其下方 12 行文本，将所选内容全部更改为大写字母。

9. 使用项目符号和编号功能自动生成参考文献中各项的编号为“[1]、[2]、[3]……”。

10. 给“1.核心功能模块”的“（4）检查已经创建的线程”中的“WriteClient”添加脚注，脚注的内容为“WriteClient 是 ISAPI Extension API 的一部分。”。

11. 设置页眉部分，奇数页使用“科技小论文比赛”，偶数页使用论文题目的名称；在页脚部分插入当前页码，并将页码设置为居中。

12. 保存对该文件的所有设置，关闭文件并将其压缩为相同名称的 RAR 格式文件，使用 E-mail 将其发送至主办方的电子邮箱中。

要求	1（0.5分）	2（0.5分）	3（1分）	4（1分）	5（1分）	6（1分）	7（1分）	8（1分）	9（1分）	10（1分）	11（0.5分）	12（0.5分）
评分												
总分												

PART 8

论文编辑——拓展练习

实训要求

1. 新建文件，将其命名为“论文编辑练习（小C）.docx”，并保存到C盘根目录中。

2. 复制文档“3.1 拓展练习-要求与素材.docx”中除题目要求外的文本，使用“选择性粘贴”功能，以“无格式文本”的形式将其粘贴到新文件中。

3. 设置标题字体为“黑体”，字号为“二号”，居中对齐，字符间距为紧缩、1磅，设置作者姓名的文本字体为“宋体”，字号为“小五”，居中对齐。

4. 设置“摘要”和“关键词”所在的两个段落文本之前、之后各缩进2字符，并将“摘要：”和“关键词：”文字加粗。

5. 将标题的段前间距设为1行。

6. 设置正文字体为“宋体”，字号为“小四”，行距为固定值20磅，首行缩进2字符。正文标题部分（包括参考文献标题，共8个）无缩进，字体为“黑体”，字号为“小四”，正文首字下沉，字体为“华文新魏”，下沉行数为2。

7. 将正文中的所有“杨梅”替换为橙色、加粗的“草莓”（提示：共8处）。

8. 给“二、实践原理”中的“水分”添加脚注为“水：H_2O”。

9. 在标题“草莓的无土栽培”后插入尾注，内容为“此论文的内容来源于互联网”。

10. 给“六、观察记录情况”中的4个段落添加项目符号“✓”，并设置为无缩进。

11. 给整篇文档插入页码，并设置为“页脚中间”。

12. 保存所有设置，关闭文档，提交文件。

实训详解

实训要求1：新建文件，将其命名为“论文编辑练习（小C）.docx”，并保存到C盘根目录中。

操作步骤

【步骤1】启动WPS Office，单击标题栏右侧的“+”按钮，在弹出的对话框中选择“文字”选项，单击“空白文档”按钮，新建一个空白文字文稿。

【步骤 2】单击窗口左上角的“（保存）”按钮或者选择“文件”菜单中的“保存”命令（注意：新文件第一次保存时，会弹出“另存为”对话框）。

在“另存为”对话框中设置保存路径为“此电脑\本地磁盘（C:）”，文件名称为“论文编辑练习（小 C）.docx”，单击“保存”按钮。

实训要求 2：复制文档“3.1 拓展练习-要求与素材.docx”中除题目要求外的文本，使用“选择性粘贴”功能，以“无格式文本”的形式将其粘贴到新文件中。

操作步骤

【步骤 1】打开“3.1 拓展练习-要求与素材.docx”文件，使用选中大量文本的方法，按照要求选中指定文本。

【步骤 2】将鼠标指针移至选定文本上并单击鼠标右键，在弹出的快捷菜单中选择“复制”命令。

【步骤 3】在“论文编辑练习（小 C）.docx”文件中单击鼠标右键，在弹出的快捷菜单中选择“（只粘贴文本）”命令。

实训要求 3：设置标题字体为“黑体”，字号为“二号”，居中对齐，字符间距为紧缩、1 磅，设置作者姓名的文本字体为“宋体”，字号为“小五”，居中对齐。

操作步骤

【步骤 1】拖曳鼠标，选中第一行的标题文本。

【步骤 2】在“开始”选项卡中进行相应的设置，如图 8-1 所示。

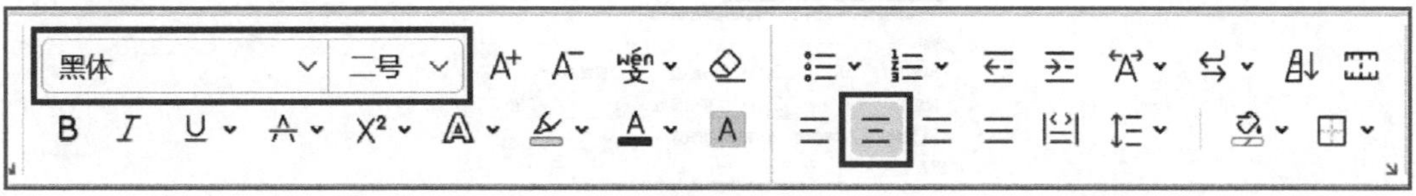

图 8-1

【步骤 3】单击“字体”功能区中的“（对话框启动器）”按钮，弹出“字体”对话框，在“字符间距”选项卡中，将间距设置为“紧缩”，磅值为 1 磅，单击“确定”按钮，如图 8-2 所示。

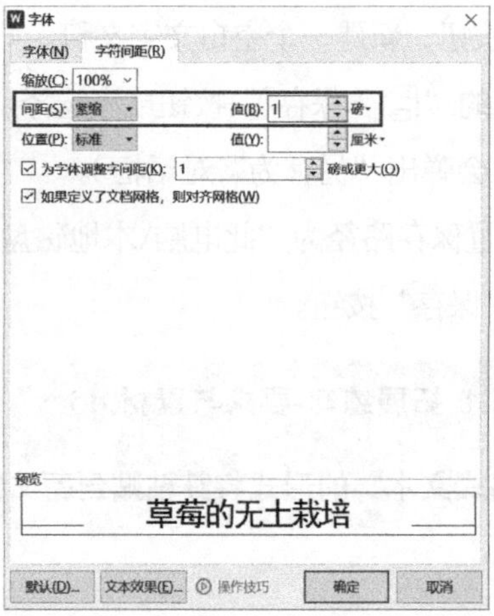

图8-2

【步骤4】选中第二行的作者姓名，在“开始”选项卡中进行相应的设置。

实训要求4：设置“摘要”和“关键词”所在的两个段落文本之前、之后各缩进2字符，并将“摘要:”和“关键词:”文字加粗。

操作步骤

【步骤1】选中“摘要”和“关键词”所在的两个段落，单击“段落”功能区中的“↘（对话框启动器）”按钮，弹出“段落”对话框，在“缩进和间距”选项卡中，设置文本之前、文本之后缩进2字符，单击“确定”按钮，如图8-3所示。

图8-3

【步骤2】选中“摘要:”，按住<Ctrl>键，选中“关键词:”，单击“开始”选项卡中的“B（加粗）”按钮。

实训要求5：将标题的段前间距设为1行。

操作步骤

【**步骤**】选中标题，单击“段落”功能区中的“↘（对话框启动器）”按钮，弹出“段落”对话框，在“缩进和间距”选项卡中，设置段前间距为 1 行，单击“确定”按钮，如图 8-4 所示。

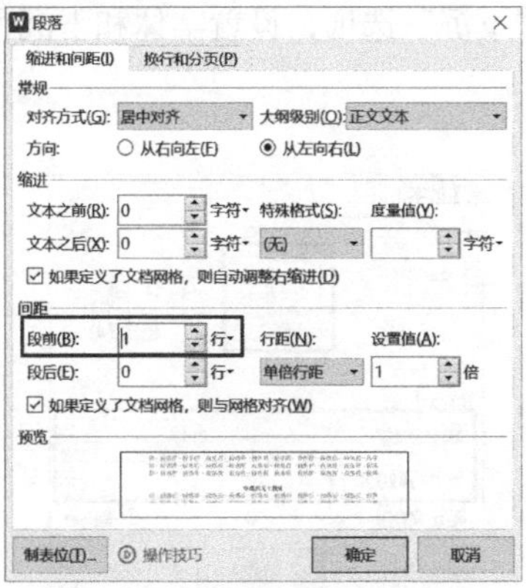

图 8-4

实训要求 6：设置正文字体为“宋体”，字号为“小四”，行距为固定值 20 磅，首行缩进 2 字符。正文标题部分（包括参考文献标题，共 8 个）无缩进，字体为“黑体”，字号为“小四”，正文首字下沉，字体为“华文新魏”，下沉行数为 2。

操作步骤

【**步骤 1**】使用选中大量文本的方法，选中正文部分，利用“开始”选项卡设置正文字体为“宋体”，字号为“小四”。

【**步骤 2**】单击“段落”功能区中的“↘（对话框启动器）”按钮，弹出“段落”对话框，在“缩进和间距”选项卡中，设置行距为“固定值”，设置值为 20 磅，在“特殊格式”下拉列表中选择“首行缩进”选项，设置度量值为 2 字符，单击“确定”按钮，如图 8-5 所示。

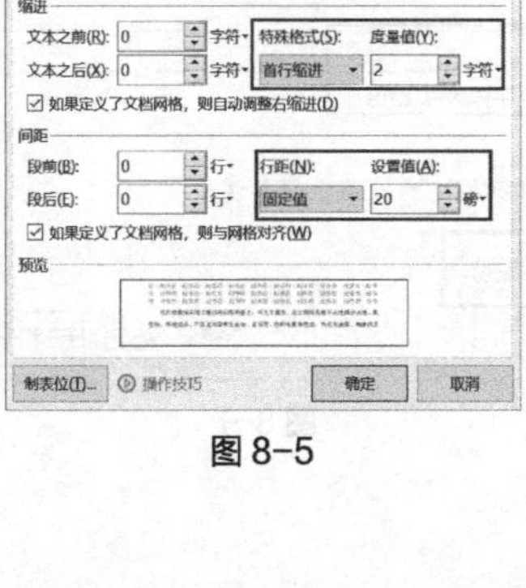

图 8-5

【**步骤3**】选中第一个标题行，按住<Ctrl>键，继续选中正文的其他标题部分（包括参考文献标题，共8个），打开“段落”对话框，在“特殊格式”下拉列表中选择“无”选项，单击“确定”按钮，再利用“开始”选项卡设置正文标题部分字体为“黑体”，字号为“小四”。

【**步骤4**】将光标定位在正文第一段，单击“插入”选项卡中的“首字下沉”按钮，在弹出的“首字下沉”对话框中选择“下沉”选项，设置字体和下沉行数（华文新魏，2），如图8-6所示。

图8-6

实训要求7：将正文中的所有“杨梅”替换为橙色、加粗的“草莓”（提示：共8处）。

操作步骤

【**步骤**】将光标定位在正文中，在“开始”选项卡中单击“查找替换”下拉按钮，在弹出的下拉列表中选择“替换”选项，弹出“查找和替换”对话框，在“查找内容”文本框中输入“杨梅”，在“替换为”文本框中输入“草莓”，如图8-7所示。选中“草莓”两个字，单击其下方的“格式”下拉按钮，在下拉列表中选择“字体”选项，弹出“替换字体”对话框，在“字体”选项卡中设置字体颜色为橙色（标准色），字形为“加粗”，单击“确定”按钮，如图8-8所示，在“查找和替换”对话框中单击“全部替换”按钮，弹出提示信息后单击“确定”按钮，关闭“查找和替换”对话框。

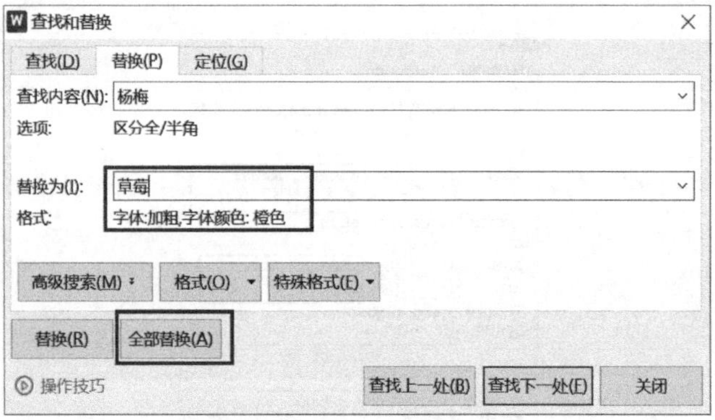

图8-7

图 8-8

实训要求 8：给“二、实践原理”中的“水分”添加脚注为“水：H_2O”。

操作步骤

【步骤】将光标定位在“二、实践原理”中的“水分”两个字之后，在“引用”选项卡中单击“插入脚注”按钮，此时光标跳到页面底端，输入“水：H2O”，选中数字“2”，在“开始”选项卡中单击“X_2”按钮，将数字 2 设置为下标。

实训要求 9：在标题“草莓的无土栽培”后插入尾注，内容为“此论文的内容来源于互联网”。

操作步骤

【步骤】将光标定位在标题文字之后，在“引用”选项卡中单击“插入尾注”按钮，此时光标跳到全文的末尾，输入“此论文的内容来源于互联网”即可。

实训要求 10：给“六、观察记录情况”中的 4 个段落添加项目符号“✓”，并设置为无缩进。

操作步骤

【步骤】选中“六、观察记录情况”中的 4 个段落，在“开始”选项卡中单击“☰ ▾（项目符号）”下拉按钮，选择“✓”选项，再单击“⇤（减少缩进量）”按钮，将其设置为无缩进。

实训要求 11：给整篇文档插入页码，并设置为“页脚中间”。

操作步骤

【**步骤**】将光标定位在第一页，单击“插入”选项卡中的“页码”下拉按钮，在弹出的下拉列表中选择“页脚中间”选项，再单击“页眉页脚”选项卡中的“关闭”按钮。

实训要求 12：保存所有设置，关闭文档，提交文件。

操作步骤

【**步骤**】单击“（保存）”按钮，单击窗口右上角的“关闭”按钮，关闭文档。

PART 9 课程表和统计表——基本练习

实训要求

1. 创建一个 10 行 7 列的表格。
2. 表格的编辑，合并或拆分相应单元格。
3. 表格内容的编辑。在对应单元格内输入文字，并设置相应格式。
4. 表格的格式设置。调整表格的大小，并设置相应的边框和底纹。
5. 完成斜线表头的制作，并设置页面的颜色和边框。

绘制完毕的表格如图 9-1 所示。

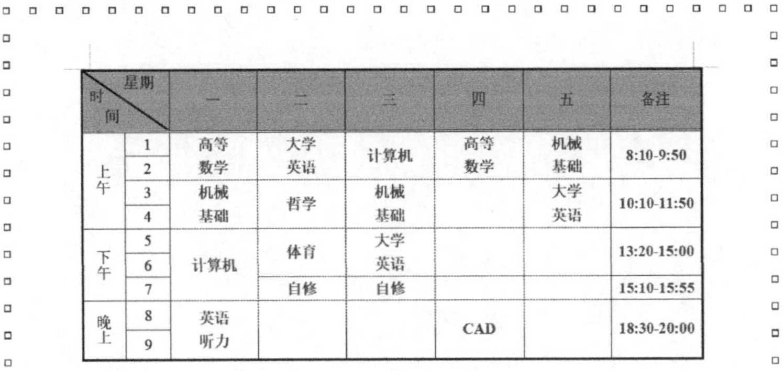

<table>
<tr><th colspan="2">星期
时间</th><th>一</th><th>二</th><th>三</th><th>四</th><th>五</th><th>备注</th></tr>
<tr><td rowspan="4">上午</td><td>1</td><td rowspan="2">高等数学</td><td rowspan="2">大学英语</td><td rowspan="2">计算机</td><td rowspan="2">高等数学</td><td rowspan="2">机械基础</td><td rowspan="2">8:10-9:50</td></tr>
<tr><td>2</td></tr>
<tr><td>3</td><td rowspan="2">机械基础</td><td rowspan="2">哲学</td><td rowspan="2">机械基础</td><td rowspan="2"></td><td rowspan="2">大学英语</td><td rowspan="2">10:10-11:50</td></tr>
<tr><td>4</td></tr>
<tr><td rowspan="3">下午</td><td>5</td><td rowspan="3">计算机</td><td rowspan="2">体育</td><td rowspan="2">大学英语</td><td rowspan="2"></td><td rowspan="2"></td><td rowspan="2">13:20-15:00</td></tr>
<tr><td>6</td></tr>
<tr><td>7</td><td>自修</td><td>自修</td><td></td><td></td><td>15:10-15:55</td></tr>
<tr><td rowspan="2">晚上</td><td>8</td><td rowspan="2">英语听力</td><td rowspan="2"></td><td rowspan="2"></td><td rowspan="2">CAD</td><td rowspan="2"></td><td rowspan="2">18:30-20:00</td></tr>
<tr><td>9</td></tr>
</table>

图 9-1

6. 删除班级无分数的行，统计出 4 月每个班级常规检查的总分。

7. 在表格末尾新增一行，在新增行中将第 1、2 列的单元格合并，并输入文字“总分最高”，在新增行的第 3 个单元格中计算出最高分；将第 4、5 列单元格合并，并输入文字“总分平均”，在第 6 个单元格中计算出总分的平均分（平均分保留一位小数）。

8. 将表格（除最后一行）排序，排序规则是主要关键字为“第 10 周”，降序；次要关键字为“总分”，降序。

9. 为页面添加水印文字“常规检查”，颜色为“橙色,着色 4,深色 25%”，版式为“倾斜”。

要求	1（0.5分）	2（0.5分）	3（0.5分）	4（0.5分）	5（2分）	6（2分）	7（2分）	8（1分）	9（1分）
评分									
总分									

PART 10

个人简历制作——拓展练习

实训要求

参考图 10-1 所示的个人简历，结合自身实际情况，完成个人简历的制作。

个 人 简 历

求职意向：<u>IT 助理工程师（兼职）</u>

姓　名	小C	性　别	男	出生年月	2002/12	
文化程度	大专	政治面貌	团员	健康状况	健康	
毕业院校	苏州工业职业技术学院		专　业	计算机应用技术		
联系电话	1301389[redacted]	电子邮箱	littlecc@163.com			
通信地址	苏州吴中大道国际教育园致能大道 1 号			邮政编码	215104	
技能特长	程序编写和网站设计					

学历进修	时　间	学校名称	学　历	专　业
	2015/9~2018/6	苏州××中学	初中	
	2018/9~2021/6	苏州××学校	高中	计算机应用技术
	2021/9~现在	苏州工业职业技术学院	大专	计算机应用技术
	主修课程	C 语言程序设计、网页设计、计算机网络基础、动态网页设计、数据结构、关系数据库、C #.NET、Windows Server 配置与管理、Java 程序设计、交换机路由器配置		
	英语水平	全国四级	计算机水平	全国二级

实践与实习	时　间	单　位	工作内容	评语
	2021/7~2021/8	苏州明翰电脑院	计算机组装	良好
	2022/7~2022/8	苏州理想设计中心	网页制作	良好
	2022/9~2022/12	苏州工业职业技术学院	机房管理	优秀

专业证书	名　称	主办单位	获取时间
	计算机二级	教育部教育考试院	2021/12
	英语四级	教育部	2022/6

获奖情况	荣誉称号	主办单位	获奖等级
	程序设计竞赛	苏州工业职业技术学院	一等奖
	院三好学生	苏州工业职业技术学院	
	院优秀学生干部	苏州工业职业技术学院	

个性特点（包括个性、工作态度、自我评价）	**个性：**性格开朗，为人随和，善于与人交往。 **工作态度：**对于工作总有充沛的精力，具有探究精神，总想把工作做得完美。 **自我评价：**做事认真负责，具有较强的责任心。

图 10-1

总体要求：使用 WPS 文字来布局表格，个人信息要真实可靠，具体格式可自行设计。个人简历具体制作要求如表 10-1 所示。

表 10-1

序号	具体制作要求
1	新建 WPS 文字文档“个人简历.docx”，进行页面设置，输入标题文字
2	创建表格并调整表格的行高至合适大小
3	使用拆分、合并单元格操作完成表格编辑
4	表格中内容完整，格式恰当
5	改变相应单元格的文字方向
6	设置单元格内文本的水平和垂直对齐方式
7	设置表格在页面中的水平和垂直对齐方式都为居中
8	为整张表格设置边框
9	完成个人简历中图片的插入与格式设置

项目详解

项目要求：结合自身实际情况，完成个人简历的制作。

操作步骤

【步骤 1】启动 WPS Office，单击标题栏右侧的“+”按钮，在弹出的对话框中选择“文字”选项，单击“空白文档”按钮，新建一个空白文字文稿。

【步骤 2】单击窗口左上角的“（保存）”按钮或者选择“文件”菜单中的“保存”命令（注意：新文件第一次保存时，会弹出“另存为”对话框），在该对话框中设置保存路径为“此电脑\本地磁盘（C:）”，文件名称为“个人简历（小 C）.docx”，单击“保存”按钮。

【步骤 3】单击“页面”选项卡中的“页边距”下拉按钮，选择“适中”选项。

【步骤 4】输入标题“个人简历”，设置字体为“宋体”，字号为“四号”及居中对齐。

【步骤 5】另起一行，输入“求职意向：IT 助理工程师（兼职）”，在“开始”选项卡中设置字体为“黑体”，字号为“小四”，选中“IT 助理工程师（兼职）”，单击“开始”选项卡中的“U ˇ”按钮，为文字添加下划线。（注意：在编辑下面的表格前再单击一次该按钮即可取消下划线。）

【步骤 6】单击“插入”选项卡中的“表格”下拉按钮，选择“插入表格”选项，在弹出的“插入表格”对话框中设置列数为 1，行数为 24。

【步骤 7】单击“表格工具”选项卡中的“”按钮，参考样图绘制表格的竖线。

【步骤 8】单击“表格工具”选项卡中的“⊠”按钮，参考样图擦除多余的线条。

【步骤 9】将鼠标指针移到表格边框线上，当其变为╪·‖·时，按住鼠标左键并拖曳，调整行高或列宽至合适大小。

【步骤 10】在表格中输入文字。

【步骤 11】选中“学历进修”“主修课程”“实践与实习”“专业证书”“获奖情况”等单元格并单击鼠标右键，在弹出的快捷菜单中选择“文字方向”命令，设置文字方向为垂直。

【步骤 12】选中需要加粗文字的单元格，在“开始”选项卡中单击“B”按钮，将文字加粗。

【步骤 13】将鼠标指针移到表格左上角的╋处并单击，选中整张表格，在选中区域单击鼠标右键，在弹出的快捷菜单中选择“单元格对齐方式”→“水平居中”命令。

【步骤 14】将鼠标指针移到表格左上角的╋处并单击，选中整张表格，单击“表格样式”选项卡中的“边框”下拉按钮，在弹出的下拉列表中设置表格内、外框线。

【步骤 15】将光标定位在表格右上角放置照片的单元格内，单击“插入”选项卡中的“图片”按钮，在弹出的下拉列表中选择“本地图片”选项，在弹出的“插入图片”对话框中选择图片文件，单击“打开”按钮即可插入图片。

【步骤 16】单击“⎙（保存）”按钮，再单击窗口右上角的“关闭”按钮，关闭文档。

PART 11

小报制作——基本练习

实训要求

1. 新建文档，将其保存为“苏州博物馆.docx”。

2. 设置页面纸张为16开，上、下页边距为1.9厘米，左、右页边距为2.2厘米。

3. 参考主教材中的效果图，在页面左侧插入矩形图形，图形填充色为酸橙色（RGB值为（153,204,0）），无边框线条。

4. 参考主教材中的效果图，在页面左侧插入矩形图形，并添加相应文本（在第一行末尾插入五角星），设置矩形填充色为“白色,背景1,深色50%”，无边框线条，设置文本字体为“Verdana”，字号为“小四”，白色，左对齐，行距为固定值14磅（五角星为橙色）。

5. 插入两张图片，分别为“室内.png”和“室外.png”，设置环绕方式为“四周型”，大小及位置设置可参考主教材中的效果图。

6. 参考主教材中的效果图，在页面右上角插入文本框，添加相应文本，设置主标题的字体为“微软雅黑”，字号为“二号”，加粗，添加阴影，设置副标题的字体为“华文新魏”，字号为“小三”，正文的字体为“宋体”，字号为10磅，首行缩进2字符，文本框无填充色，无边框线条。

7. 参考主教材中的效果图，在页面左上角插入艺术字，在艺术字样式中选择第1行第3列的样式，内容为“设计”，字体为“华文新魏”，字号为48磅，深红色，文字方向为竖向。

8. 参考主教材中的效果图，在艺术字“设计”的左边插入竖排文本框并输入内容，设置中文字体为“宋体”，字号为“小五”，字符间距为加宽、4磅，英文字体为“Verdana”，字号为10磅，白色；文本框无填充色，无边框线条。

9. 参考主教材中的效果图，在艺术字“设计”的下方插入文本框并输入内容，设置文本字体为“Comic Sans MS”，字号为24磅，行距为固定值35磅，文本框无填充色，无边框线条。

10. 参考主教材中的效果图，插入圆角矩形，并在其中添加文本“江南”，设置文本字体为“宋体”，字号为“五号”，白色，为文本“江”设置颜色的RGB值为（153,204,0），文本框填充色为深红色，无边框线条，文本框左、右、上、下边距均为0厘米。

11. 参考主教材中的效果图，在页面左下角插入竖排文本框并输入内容，设置中文字体为

“宋体”，英文字体为Times New Roman，字号为“小五”，字符间距为加宽、1磅，首行缩进2字符，文本框无填充色，无边框线条。

12. 选中所有对象进行组合，根据主教材中的效果图将其调整至合适的位置。

要求	1（0.5分）	2（0.5分）	3（1分）	4（1分）	5（1分）	6（1分）	7（1分）	8（1分）	9（1分）	10（1分）	11（0.5分）	12（0.5分）
评分												
总分												

PART 12

信息简报制作——拓展练习

实训要求

参考图 12-1 所示的效果图，完成信息简报的制作。

信息简报

XINXI JIANBAO

1

第七期	主办：苏工院·信息工程系	责任编辑：吕晓 沈敏君	2022 年 10 月 28 日 星期五

时事政治 以百姓福祉为归依　三论创建文明城市

创建全国文明城市根本目的在于提高城市整体文明程度、改善城市环境、提升城市影响力和竞争力，而这些恰恰是让老百姓生活变得更美好的落脚点。

以百姓福祉为归依，是创建的初衷。创建的对象是城市，受益的是市民。文明不是挂在墙上的一面牌子，而是提高人们现代文明素质、塑造独特人文景观、营造良好的投资环境和优美舒适的工作生活环境等现实体现。苏州的文明创建工作，如春风化雨，灌溉滋润着百姓的生活：三元二村和金狮河沿农贸市场升级改造，环境变得干净整洁；东大街文化市场显示出规范有序的市场活力；市民素质行动计划被细化为城市精神塑造工程、文明素养培育工程、未成年人教育推进工程等 10 个工程、44 项任务等。通过创建，越来越多的苏州人被文明的纽带联系在一起。

城市的发展，以百姓福祉的改善为归依，还要让每个市民都知道文明创建的要求，形成全民创建、全民共享的浓厚氛围。通过创建文明城市，对一些平时看不到、查不出、够不着，又确实影响百姓生活的薄弱点，切实加强整改，通过创建建立长效机制，把创建工作落到实处，让老百姓安居乐业，让投资者安心放心，让观光者赏心悦目。人生因文明而精彩。

以百姓福祉为归依，必然会得到大家的拥护。市民群众对苏州创建全国文明城市的赞同程度很高，赞同率高达 99.2%。赞同代表着市民对创建成果的认可，代表着苏州市民参与全国文明城市创建的热情，更代表着人们对文明的追求。给城市一个文明的标志和内核，这是时代的呼唤，这是六百万苏州人民的共同心声！

——摘自苏州日报

小知识：

☆什么是全国文明城市？

全国文明城市，简称文明城市，是指在全面建设小康社会中市民整体素质和城市文明程度较高的城市。全国文明城市是我国所有城市品牌中含金量最高、创建难度最大的一个，是反映城市整体文明水平的综合性荣誉称号，是目前国内城市综合类评比中的最高荣誉，也是最具价值的城市品牌。

☆测评体系的结构与主要内容有哪些？

测评体系的结构	分值构成	测评主要内容
基本指标	100 分	廉洁高效的政务环境
		公正公平的法治环境
		规范守信的市场环境
		健康向上的人文环境
		安居乐业的生活环境
		可持续发展的生态环境
		扎实有效的创建活动
特色指标	20 分	创建工作集中宣传
		荣誉称号
		城市整体形象

☆《关于苏州市创建全国文明城市工作的实施意见》部署了 4 个阶段的创建任务：

① 5 月到 6 月为宣传**发动和全面实施阶段**。深入宣传发动城区广大市民广泛参与创建工作，形成户户知晓、人人参与的浓厚创建氛围。同时，各地各单位将重点组织城市建设、环境整治、市容卫生、社会公德宣传等大型系列活动，将创建工作推向高潮。

② 6 月到 7 月为**督查申报阶段**。各创建工作责任组将对照全国文明城市的创建标准组织自查自评，市创建指挥部进行全面督查和验收，对发现的问题及时整改。

③ 7 月到 10 月进入**迎接检查阶段**。市区各单位将着力巩固创建成果，迎接中央文明委组织的国家和省有关部门的全面考核。

④ 11 月到 12 月为最后一个阶段，即**总结表彰阶段**。

美丽苏州

苏州各区图片一览

——吴中区——

——虎丘区——

——吴江区——

——工业园区——

——相城区——

——姑苏区——

文字图片来源于·苏州市文明城市宣传资料

图 12-1

总体要求：纸张大小为 A3，页数为 1 页；根据提供的图片、文字、表格等素材，参考具体制作要求完成简报制作；必须使用提供的素材，可适当在网上搜索素材进行补充；版式及效果可自行设计，也可参考给出的效果图完成。具体制作要求如表 12-1 所示。

表 12-1

序号	具体制作要求
1	主题为“创建文明城市”
2	必须要有图片、文字、表格
3	包含报刊各要素（刊头、主办、日期、责任编辑等）
4	必须使用艺术字、文本框（链接）、自选图形、边框和底纹
5	素材需经过加工，有一定的原创部分
6	要求色彩协调，标题醒目、突出，同级标题格式统一
7	版面设计合理，风格协调
8	文字内容通顺，无错别字和繁体字
9	图文并茂，文字字距、行距适中，清晰易读
10	结合简报的性质和内容添加图案与花纹

实训详解

实训要求：根据提供的图片、文字、表格等素材，完成信息简报的制作。

操作步骤

【步骤 1】启动 WPS Office，单击标题栏右侧的“+”按钮，在弹出的对话框中选择“文字”选项，单击“空白文档”按钮，新建一个空白文字文稿。

【步骤 2】单击窗口左上角的“（保存）”按钮或者选择“文件”菜单中的“保存”命令（注意：新文件第一次保存时，会弹出“另存为”对话框），在该对话框中设置保存路径为“此电脑\本地磁盘（C:）”，文件名称为“信息简报拓展练习（小 C）.docx”，单击“保存”按钮。

【步骤 3】在“页面”选项卡中设置“纸张大小”为 A3，“页边距”为适中。

【步骤 4】插入一个 2 行 4 列的表格以制作刊头。在相应单元格内输入文字或插入图片，并进一步编辑，最后将表格框线按要求设为“无”或“虚线”。

【步骤 5】参考图 12-1，在刊头下方插入艺术字“时事政治”。参考图 12-1，在“插入”选项卡中，单击“形状”下拉按钮，选择“直线”选项，绘制 3 条线段，按住<Ctrl>键选中这 3 条线段后单击鼠标右键，在弹出的快捷菜单中选择“组合”命令，将这 3 条线段组合成一个图形。将素材中的相关文字复制到该图形中，并进行格式设置。

【步骤 6】将素材中的“创建全国……摘自苏州日报”文字内容复制到指定位置。选中这些文字，在“页面”选项卡中单击“分栏”下拉按钮，将其分成 3 栏。将光标定位在第一段，在“插入”选项卡中设置“首字下沉”，下沉 3 行，并设置字体颜色为绿色，添加文字效果（阴影）。参考图 12-1，选中相关文字，利用“开始”选项卡中的“**B**”按钮使这些文字加粗。

【步骤 7】选中最后一段文字中的“99.2%”，单击“A ⌄”和“⊡ ⌄”按钮，将字体颜色设置为绿色，并加边框。

【步骤 8】利用“插入”选项卡中的“文本框”按钮，在页面左侧相应位置插入 3 个文本框，并将素材中的相关文字复制到对应的文本框内，参考图 12-1 进行格式设置（注意：五角星和带圈数字序号利用“插入”选项卡中的“符号”按钮输入）。

【步骤 9】参考图 12-1，单击“插入”选项卡中的“形状”下拉按钮，选择“直线”选项，绘制辅助线。单击“插入”选项卡中的“图片”下拉按钮，选择“本地图片”选项，将各图片插入指定位置，并调整其大小、对齐位置，再在各张图片下面插入文本框，以添加说明（注意：将文本框的形状轮廓设为“无边框颜色”）。

【步骤 10】在图片的左上角插入艺术字“美丽苏州”，设置文字方向为垂直。

【步骤 11】在艺术字“美丽苏州”左侧画 3 条线段并组合，插入文本框，并在其中输入文字“苏州各区图片一览”（注意：将竖排文本框的形状填充和形状轮廓都设为无）。

【步骤 12】参考图 12-1，在页面底端插入文本框，输入“文字图片来源……”的说明，并设置相应的格式。

【步骤 13】保存并关闭文件。

PART 13

长文档编辑——基本练习

实训要求

1. 将“毕业论文-初稿.docx”另存为“毕业论文-修订.docx”，并将另存后的文档的上、下、左、右页边距均设为2.5厘米。

2. 将封面中的下划线长度设为一致。

3. 将封面底端多余的空段落删除，并使用分页符完成自动分页。

4. 在“内容摘要”前添加论文标题，内容为“苏州沧浪区‘四季晶华’社区网站（后台管理系统）”，设置文本字体为“宋体”，字号为“四号”，居中对齐。将“内容摘要”与“关键词:”的格式设置为“宋体”，字号为“小四”，加粗。

5. 将关键词部分的分隔号由逗号更改为全角分号。设置“内容摘要”所在页中所有段落的行距为固定值20磅。

6. 建立样式，对各级文本的格式进行统一设置。“内容级别”的字体为“宋体”，字号为“小四”，首行缩进2字符，行距为固定值20磅，大纲级别为“正文文本”；以后建立的样式均以“内容级别”为基础，“第一级别”为加粗，无首行缩进，段前和段后间距均为0.5行，大纲级别为“1级”；“第二级别”为无首行缩进，大纲级别为“2级”；“第三级别”为无首行缩进，大纲级别为“3级”；“第四级别”的大纲级别为“4级”。最后，参考“毕业论文-修订.pdf”中的最终结果，将建立的样式分别应用到对应的段落中。

7. 将“三、系统需求分析（二）开发及运行环境”中的项目符号更改为“💻”。

8. 删除“二、系统设计相关介绍（一）ASP.NET技术介绍”中的“分节符（下一页）”。

9. 在封面页面后（即从第2页开始）自动生成目录，在目录前加上标题“目录”，设置文本字体为“宋体”，字号为“四号”，加粗，居中对齐，目录内容的字体为“宋体”，字号为“小四”，行距为固定值18磅。

10. 为文档添加页眉和页脚，页眉左侧为学校Logo，右侧为文本“毕业设计说明书”，在页脚中插入页码，页码居中。

11. 从论文标题开始另起一页且从此页开始插入页码，起始页码为“1”。去除封面和目录的页眉和页脚中的所有内容。

12. 使用组织结构图对论文中的“图7 系统功能结构图”进行重新绘制。

13. 修改参考文献的格式，使其符合规范。

14. 将“三、系统需求分析（二）开发及运行环境”中的英文字母全部更改为大写。

15. 对全文进行拼写和语法检查。

16. 在有疑问或内容需要修改的地方插入批注。给“二、系统设计相关介绍（一）ASP.NET技术介绍”中的“UI，简称USL”文本插入批注，批注内容为“此处写法有逻辑错误，需要修改”。

17. 文档格式编辑完成后，更新目录页码。

18. 同时打开“毕业论文-初稿.docx”和“毕业论文-修订.docx”两个文档，使用“并排查看”功能快速浏览完成的修订。

要求	1（0.5分）	2（0.5分）	3（1分）	4（0.5分）	5（0.5分）	6（0.5分）	7（0.5分）	8（0.5分）	9（0.5分）	10（0.5分）	11（0.5分）	12（0.5分）	13（0.5分）	14（0.5分）	15（0.5分）	16（1分）	17（0.5分）	18（0.5分）
评分																		
总分																		

PART 14

产品说明书的制作——拓展练习

实训要求

使用提供的文字和图片资料，根据以下步骤，完成产品说明书的制作。部分页面的效果如图 14-1 所示，最终效果见“产品说明书.pdf”。

1. 新建 WPS 文字文档，将其命名为“长文档拓展练习（小 C）.docx”，并将其保存在 C 盘根目录中。

2. 进行页面设置，设置纸张大小为 A4，上、下、左、右页边距均为 2 厘米。

3. 在封面中插入图片“logo.jpg”。

4. 设置封面中两个标题段文本之前缩进 24 字符；设置英文标题文本字体为 Verdana，字号为“一号”；设置中文标题文本字体为“黑体”，字号为“一号”，颜色为“白色,背景 1,深色 50%”，字符间距为紧缩、1 磅。

5. 在封面中插入分页符，生成第二页。

6. 在第二页中输入“目录”，设置文本字体为“黑体”，字号为“一号”，居中对齐。

7. 设置封面、目录为第 1 节，正文为第 2 节，在第 2 节中设置奇偶页页脚，页脚内容为直线和页码数字，奇数页页脚内容右对齐，偶数页页脚内容左对齐。

8. 在编辑正文前新建样式，文本格式具体如下。

章：字体为“黑体”、字号为“一号”，文本之前缩进 10 字符，紧缩、1 磅，大纲级别为 1。

节：字体为“华文细黑”、浅蓝色、字号为“三号”、加粗，文本之前、之后缩进 2 字符，首行缩进 2 字符，大纲级别为 2。

小节：字体为“华文细黑”、浅蓝色、字号为“小三”，文本之前、之后缩进 2 字符，首行缩进 2 字符，大纲级别为 3。

内容：字体为“仿宋_GB2312”、字号为“四号”，文本之前、之后缩进 2 字符，首行缩进 2 字符。

9. 将新建样式中的章、节、小节分别应用到多级符号列表中，各级编号为“I”“i”“·”3 种。

10. 设置自动生成题注，使插入的图片、表格自动编号，调整图片至合适大小。

11. 设置“警告”部分的文本字体为“华文细黑”，行距为1.5倍，“【警告】”颜色为浅蓝色，加深蓝色边框。

12. 为内容中的网址设置相应超链接。

13. 为“输入文本:”部分设定项目编号，为“接受或拒绝字典建议:”部分设定项目符号“■”。

14. 将文本转换为表格，表格无左、右及中间线。

15. 在最后一页选中相应文本完成分栏操作。

16. 自动生成目录内容，设置文本字体为“黑体”、字号为“四号”。

17. 对文档进行安全保护（只读，不可进行格式编辑和修订操作）。

目　录

图14-1

表 1

项目	用途
10W USB 电源适配器	使用10W USB电源适配器，可为iPad供电并给电池充电
基座接口转USB电缆	使用此电缆将iPad连接到计算机以进行同步，或者连接到10W USB电源适配器进行充电。将此电缆与可选购的iPad基座或iPadKeyboardDock键盘基座搭配使用，或者将此电缆直接插入iPad

ii按钮

几个简单的按钮可让您轻松地开启和关闭iPad、锁定屏幕方向以及调整音量。

· 睡眠/唤醒按钮

如果未使用iPad，则可以将其锁定。如果锁定iPad，在您触摸屏幕时，它不会有任何反应，但是您仍可以聆听音乐以及使用音量按钮。

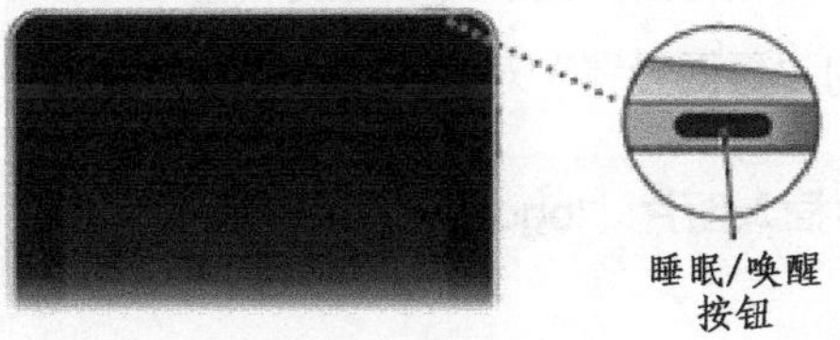

图3

· 屏幕旋转锁和音量按钮

通过屏幕旋转锁，使iPad屏幕的显示模式保持为竖向或横向。使用音量按钮来调整歌曲和其他媒体的音量以及提醒声音的音量。

2

图 14-1（续）

实训详解

实训要求 1：新建 WPS 文字文档，将其命名为“长文档拓展练习（小 C）.docx”，并将其保存在 C 盘根目录中。

操作步骤

【步骤 1】启动 WPS Office，单击标题栏右侧的“+”按钮，在弹出的对话框中选择“文字”选项，单击“空白文档”按钮，新建一个空白文字文稿。

【步骤 2】单击窗口左上角的“（保存）”按钮或者选择“文件”菜单中的“保存”命令（注意：新文件第一次保存时，会弹出“另存为”对话框），在该对话框中设置保存路径为“此电脑\本地磁盘（C:）”，文件名称为“长文档拓展练习（小 C）.docx”，单击“保存”按钮。

实训要求 2：进行页面设置，设置纸张大小为 A4，上、下、左、右页边距均为 2 厘米。

操作步骤

【步骤】在“页面”选项卡中将“纸张大小”设为 A4，单击“页边距”下拉按钮，选择“自定义边距”选项，在弹出的“页面设置”对话框中设置上、下、左、右页边距均为 2 厘米。

实训要求 3：在封面中插入图片“logo.jpg”。

操作步骤

【步骤】在“插入”选项卡中单击“图片”按钮，在相应素材文件夹中找到指定图片，选中图片，单击“打开”按钮，即可插入图片。

实训要求 4：设置封面中两个标题段文本之前缩进 24 字符；设置英文标题文本字体为 Verdana，字号为“一号”；设置中文标题文本字体为“黑体”，字号为“一号”，颜色为“白色，背景 1,深色 50%”，字符间距为紧缩、1 磅。

操作步骤

【步骤】将素材文件中的相应文字选中并复制到封面中（和图片相隔 3 行），选中这两行标题，在“段落”对话框中，设置文本之前缩进 24 字符并单击“确定”按钮。选中英文标题，在

“开始”选项卡中设置其字体为 Verdana、字号为“一号”。选中中文标题，在“字体”对话框中，设置字体为“黑体”，字号为“一号”，在“字体颜色”下拉列表中选择“白色,背景 1,深色 50%”选项，在“字符间距”选项卡中设置“间距”为紧缩、1 磅。

实训要求 5：在封面中插入分页符，生成第二页。

操作步骤

【步骤】将光标定位在中文标题文字之后，单击“插入”选项卡中的“分页”按钮完成操作。

实训要求 6：在第二页中输入“目录”，设置文本字体为“黑体”，字号为“一号”，居中对齐。

操作步骤

【步骤】在第二页中输入“目录”，在“开始”选项卡中设置其字体为“黑体”，字号为“一号”，居中对齐。

实训要求 7：设置封面、目录为第 1 节，正文为第 2 节，在第 2 节中设置奇偶页页脚，页脚内容为直线和页码数字，奇数页页脚内容右对齐，偶数页页脚内容左对齐。

操作步骤

【步骤 1】将光标定位在“目录”之后，单击“页面”选项卡中的“分隔符”下拉按钮，选择“下一页分节符”选项，将正文和前面的封面及目录分节。将素材文件中的正文部分复制到新的页面中。

【步骤 2】在第 2 节正文的奇数页中，单击“插入”选项卡中的“页眉页脚”按钮，在“页眉页脚”选项卡中选中“奇偶页不同”复选框，并取消选中“页脚同前节”复选框。单击“页码”下拉按钮，在弹出的下拉列表中选择“页码”选项，打开“页码”对话框，选中“起始页码”单选按钮并单击“确定”按钮，在“开始”选项卡中单击“右对齐”按钮，单击“插入”选项卡中的“形状”下拉按钮，选择“直线”选项，在页码旁绘制一条直线。在偶数页中再次插入页码，设置左对齐、绘制直线。

实训要求 8：在编辑正文前新建样式，文本格式具体如下。

章：字体为“黑体”、字号为“一号”，文本之前缩进 10 字符，紧缩、1 磅，大纲级别为 1。

节：字体为“华文细黑”、浅蓝色、字号为“三号”、加粗，文本之前、之后缩进 2 字符，首行缩进 2 字符，大纲级别为 2。

小节：字体为“华文细黑”、浅蓝色、字号为“小三”，文本之前、之后缩进 2 字符，首行缩进 2 字符，大纲级别为 3。

内容：字体为“仿宋_GB2312”、字号为“四号”，文本之前、之后缩进 2 字符，首行缩进 2 字符。

操作步骤

【步骤 1】在“开始”选项卡的“样式和格式”功能区中单击“↘（对话框启动器）”按钮，弹出“样式和格式”窗格，单击“新样式”按钮，打开“新建样式”对话框，分别建立章、节、小节、内容的样式。其中章的样式如图 14-2 所示。

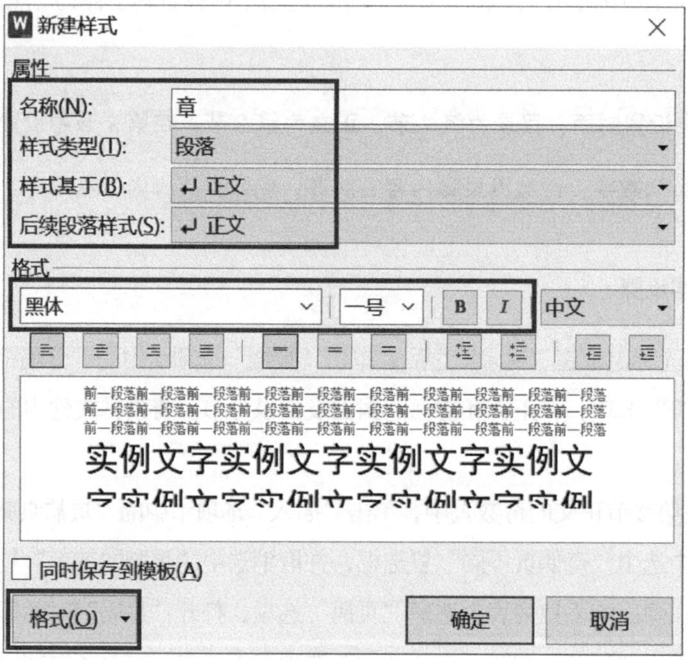

图 14-2

【步骤 2】在“新建样式”对话框中输入样式名，并设置字体、字号、对齐方式，单击“格式”下拉按钮，在弹出的下拉列表中选择“字体”选项，打开“字体”对话框，在“字符间距”选项卡中设置字符紧缩，单击“确定”按钮。再单击“格式”下拉按钮，选择“段落”选项，弹出“段落”对话框，设置文本之前缩进 10 字符，大纲级别为“1 级”，如图 14-3 所示。

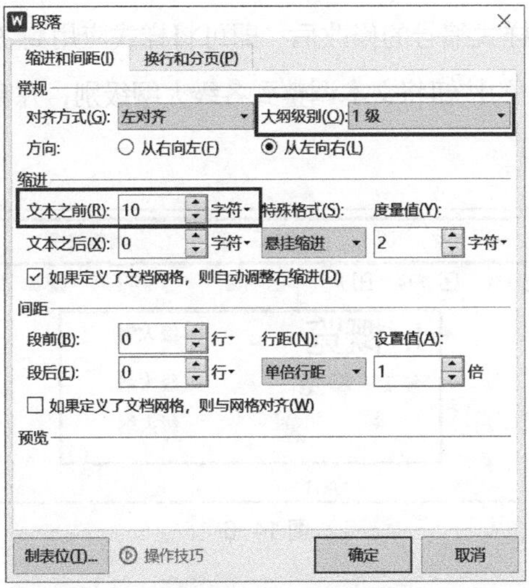

图 14-3

【步骤 3】节、小节和内容的样式按照此方法进行设置。

实训要求 9：将新建样式中的章、节、小节分别应用到多级符号列表中，各级编号为“I”“i”“·”3 种。

操作步骤

【步骤 1】在“样式和格式”窗格中选择“章”样式，单击其右侧的下拉按钮，在弹出的下拉列表中选择“修改”选项，弹出“修改样式”对话框，单击“格式”下拉按钮，在弹出的下拉列表中选择“编号”选项，在弹出的“项目符号和编号”对话框中任意选择一种样式，如图 14-4 所示，单击“自定义”按钮，弹出“自定义编号列表”对话框，选择编号样式为“I,II,III,...”即可，如图 14-5 所示。

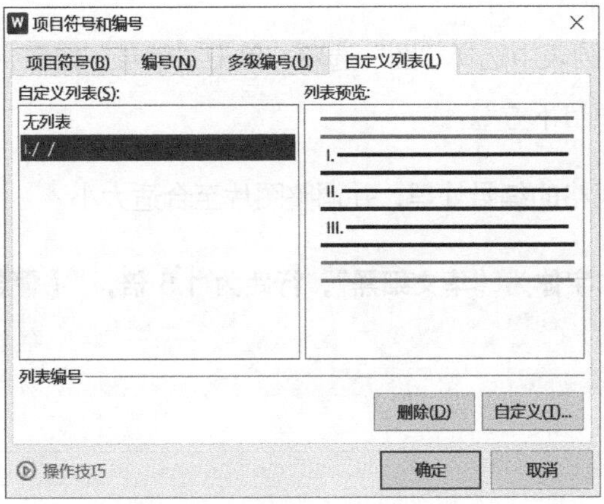

图 14-4

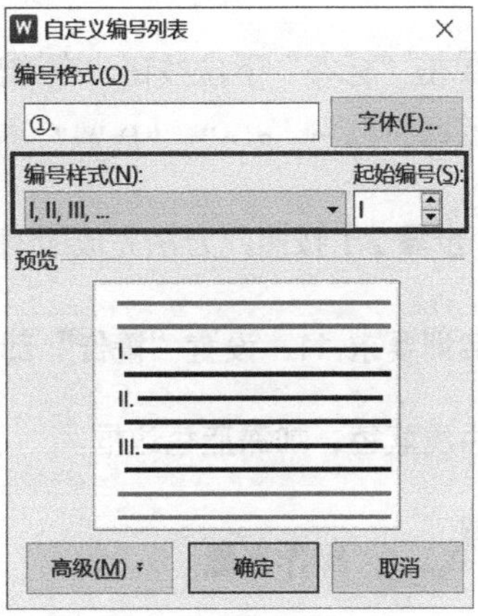

图 14-5

节和小节的编号也是这样修改的，其中小节的编号样式为项目符号“·”。

【步骤 2】完成以上各样式编号的修改后，即可将样式应用到各级文本上。切换到大纲视图，利用“大纲”选项卡中的按钮将文本调整到各级大纲级别，并套用已经定义好的样式，如图 14–6 所示。

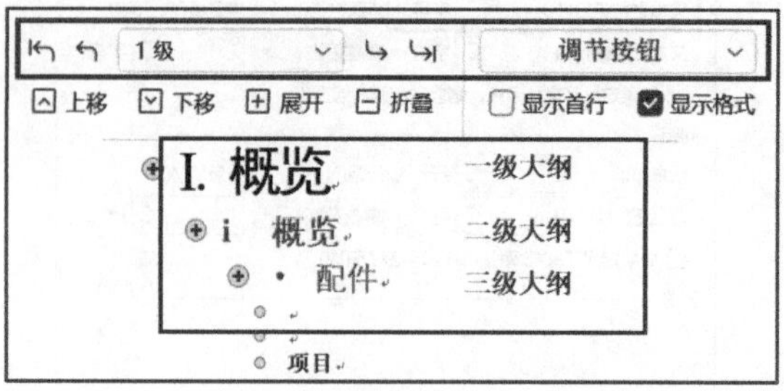

图 14–6

实训要求 10：设置自动生成题注，使插入的图片、表格自动编号，调整图片至合适大小。

操作步骤

【步骤 1】将光标定位在插入的第一张图片处，在“引用”选项卡中单击“题注”按钮，弹出“题注”对话框，如图 14–7 所示。

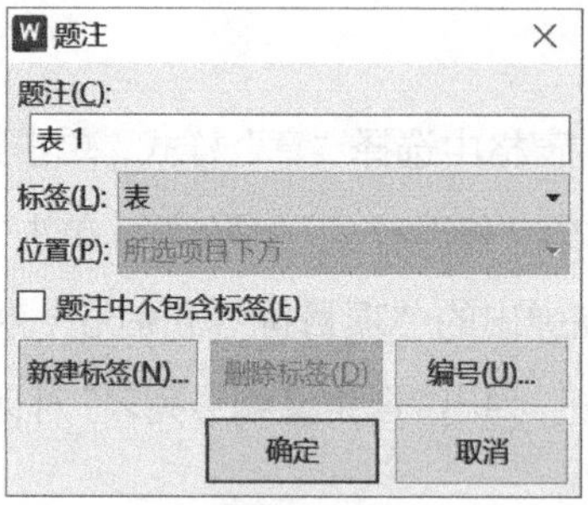

图 14–7

单击“标签”下拉按钮，在弹出的下拉列表中选择“图”选项，单击“编号”按钮，选择数字序号“1，2，3…”，“位置”为“所选项目下方”。

【步骤 2】按照此方法完成所有图片和表格的编号处理，并调整图片至合适大小。

实训要求 11：设置“警告”部分的文本字体为“华文细黑”，行距为 1.5 倍，“【警告】”颜色为浅蓝色，加深蓝色边框。

操作步骤

【步骤】选中“警告”部分的文字，在“开始”选项卡中设置字体格式为“华文细黑”，在“段落”对话框中，设置行距为 1.5 倍。选中“【警告】”，单击“开始”选项卡中的“田 ⌄”下拉按钮，在弹出的下拉列表中选择“边框和底纹”选项，弹出“边框和底纹”对话框。在“边框”选项卡中先选择颜色为深蓝色，再选择“方框”选项，单击“确定”按钮，在“开始”选项卡中单击“A ⌄”按钮，将其字体颜色设置成浅蓝色。

实训要求 12：为内容中的网址设置相应超链接。

操作步骤

【步骤】选中网址部分，在“插入”选项卡中单击“超链接”按钮，弹出“插入超链接”对话框，如图 14-8 所示。

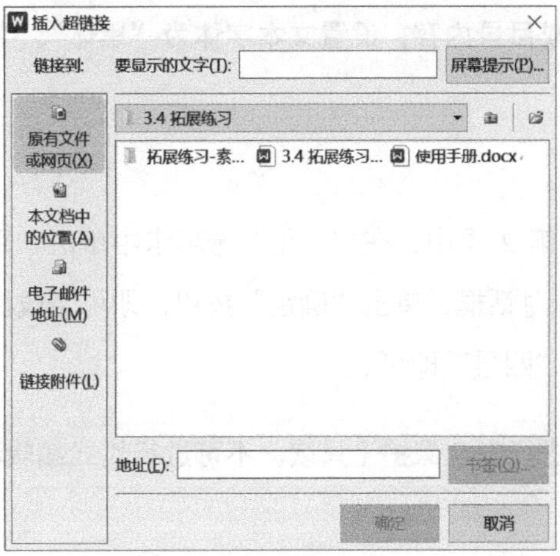

图 14-8

选择要插入的超链接后，单击“确定”按钮即可。

实训要求 13：为“输入文本：”部分设定项目编号，为“接受或拒绝字典建议：”部分设定项目符号“■”。

操作步骤

【步骤】选中“输入文本：”部分文字，单击“开始”选项卡中的“⅓☰ ⌄”按钮，添加项目编号；选中“接受或拒绝字典建议：”部分文字，单击“⁝☰ ⌄”按钮，选择■即可。

实训要求 14：将文本转换为表格，表格无左、右及中间线。

操作步骤

【步骤】找到需要转换成表格的文字，将两列文字用制表符隔开。完成调整后，选中这几行文字，在“插入”选项卡中单击“表格”下拉按钮，在弹出的下拉列表中选择“文本转换成表格”选项，单击“确定”按钮即可。选中整张表格，单击“开始”选项卡中的“⊞ ▾”下拉按钮，在弹出的下拉列表中选择“边框和底纹”选项，弹出“边框和底纹”对话框，在“边框”选项卡的预览区域中将左、右及中间线去掉并单击“确定”按钮。

实训要求 15：在最后一页选中相应文本完成分栏操作。

操作步骤

【步骤】选中相应的文本，在“页面”选项卡中单击“分栏”按钮，再选择分两栏即可。

实训要求 16：自动生成目录内容，设置文本字体为“黑体”、字号为“四号”。

操作步骤

【步骤】将光标定位在第 2 页中，在“引用”选项卡中单击“目录”按钮，选择“自定义目录”选项，弹出“目录”对话框，单击“确定”按钮，即可生成目录。选中目录，设置其文本字体为“黑体”、字号为“四号”即可。

实训要求 17：对文档进行安全保护（只读，不可进行格式编辑和修订操作）。

操作步骤

【步骤】在“审阅”选项卡中单击“限制编辑”按钮，弹出“限制编辑”窗格，选中“设置文档的保护方式”复选框，再选中“只读”单选按钮，单击“启动保护”按钮即可。

PART 15

WPS 文字综合应用——基本练习

实训要求

完成名称为“舍友”的期刊的制作。总体要求：纸张大小为 A4，页数至少为 20 页；整体内容编排顺序为封面、日期和成员、卷首语、目录、期刊内容（围绕大学生活，每个宿舍成员至少完成 2 页内容的排版）和封底。

内容以原创为主，可在网上适当搜索素材进行补充，但必须注明出处。具体的版式及效果自行设计。具体制作要求如表 15-1 所示。

表 15-1

序号	具体制作要求
1	刊名为“舍友”，版式、效果自行设计
2	宿舍成员信息真实，内容以原创为主
3	使用的网络素材需经过加工
4	需要用到图片、表格、艺术字、文本框、自选图形等
5	目录自动生成或使用制表位完成
6	色彩协调，标题醒目、突出，同级标题格式统一
7	版面设计合理，风格协调
8	图文并茂，文字字距、行距适中且清晰易读
9	使用分节符，使页码从期刊内容处开始编码
10	页眉和页脚需根据不同版块设计不同的内容

要求	1 （1分）	2 （1分）	3 （1分）	4 （1分）	5 （1分）	6 （1分）	7 （1分）	8 （1分）	9 （1分）	10 （1分）
评分										
总分										

PART 16 产品销售表编辑排版——基本练习

实训要求

1. 在“4.1 要求与素材.xlsx”工作簿中的“素材”工作表后插入一个新的工作表，将其命名为“某月碳酸饮料送货销量清单”。

2. 将“素材”工作表中的字段名行选择性粘贴（只粘贴数值）到“某月碳酸饮料送货销量清单”工作表的A1单元格中。

3. 将“素材”工作表中的前10条数据记录（从A4到A13单元格）复制到“某月碳酸饮料送货销量清单”工作表从A4开始的单元格区域中，并清除复制后单元格的格式。

4. 在“客户名称”列前插入一列，在A1单元格中输入“序号”，在A4到A13单元格区域中使用填充句柄功能自动填入序号“1、2……”。

5. 在“联系电话”列前插入两列，字段名分别为“路线”“渠道编号”，并分别输入对应的路线和渠道编号数值。

6. 删除字段名为“联系电话”的列。

7. 在A14单元格中输入“日期:”，在B14单元格中输入当前日期，并设置日期类型为“2001年3月7日”，在C14单元格中输入“单位:”，在D14单元格中输入“箱”。

8. 将工作表中所有的“卖场”替换为“超市”。

9. 在第一行上方插入一行，将A1到AE1单元格格式设置为“跨列居中”，并输入标题“某月碳酸饮料送货销量清单”。

10. 调整表头格式，使用文本控制和文本对齐方式合理设置字段名，并将表格中所有文本的对齐方式设置为居中对齐。

11. 设置标题文字字体为“仿宋”，字号为11磅，蓝色；设置字段名行的文字字体为“宋体”，字号为9磅，加粗；设置记录行和表格说明文字字体为“宋体”，字号为9磅。

12. 为该表的所有行和列设置最适合的行高和列宽。

13. 将工作表中除第1行和第15行外的数据区域边框格式设置为外边框粗实线，内边框实线。

14. 将工作表中字段名部分A2到E4数据区域的边框格式设置为外边框粗实线，内边框粗实线。将工作表字段名部分 F3 到 AE4 数据区域的边框格式设置为外边框粗实线。将工作表中记录行部分 A5 到 E14 数据区域的边框格式设置为内边框垂直线条（粗实线）。

15. 将工作表中 F3 到 O14 数据区域和 U3 到 W14 数据区域的背景颜色设置为“80%蓝色”（第 2 行第 5 列的颜色）。

16. 设置所有销量大于 15 箱的单元格字体颜色为蓝色，字形为加粗。

17. 在 B17 单元格中输入“产品销售额累计”，并超链接至“产品销售额累计.xlsx”文档。

18. 复制“某月碳酸饮料送货销量清单”工作表，将新工作表重命名为“某月碳酸饮料送货销量清单备份”。

要求	1（0.5分）	2（0.5分）	3（1分）	4（0.5分）	5（0.5分）	6（0.5分）	7（0.5分）	8（0.5分）	9（0.5分）	10（0.5分）	11（0.5分）	12（0.5分）	13（0.5分）	14（0.5分）	15（0.5分）	16（1分）	17（0.5分）	18（0.5分）
评分																		
总分																		

PART 17

员工信息表编辑排版——拓展练习

实训要求

1. 在“拓展练习要求与素材.xlsx”工作簿中的“素材”工作表后插入一个新的工作表，将其命名为“员工信息”。

2. 将“素材”工作表中的字段名行选择性粘贴（只粘贴数值）到“员工信息”工作表的A1单元格中。

3. 将“素材”工作表中的部门为“市场营销部”的记录（共 4 条）复制到“员工信息”工作表的A2单元格中，并清除复制后的单元格格式。

以下操作均在“员工信息”工作表中完成。

4. 删除“出生年月”“何年何月毕业”“入党时间”“参加工作年月”“专业”“项目奖金”“福利”“出差津贴”“健康状况”列。

5. 在“姓名”列前插入一列，在A1单元格中输入“编号”，在A2到A5单元格内使用填充句柄自动填入序号“1、2……”。

6. 在“学历”列前插入一列，字段名为“身份证号码”，分别输入 4 名员工的身份证号“32108219851028××××”“32147819810301××××”“32001419810520××××”“32943419830512××××”。

7. 在B7单元格中输入“部门性别比例:（女/男）”（输入冒号后换行），在C7单元格中输入比例（用分数形式表示）。

8. 将工作表中所有的“硕士”替换为“研究生”，“专科”替换为“大专”。

9. 在第1行之前插入一行，将A1到L1单元格格式设置为跨列居中，并输入标题“市场营销部员工基本信息表”，设置文本字体为“仿宋”，字号为12磅，深蓝色。

10. 设置字段名行的文本字体为“宋体”，字号为10磅，加粗；设置记录行的文本字体为“宋体”，字号为10磅；将B7单元格的文本加粗。

11. 为工作表中除第1行和第7行外的数据区域设置边框格式，外边框为深蓝色粗实线；内边框为深蓝色虚线；字段名行的颜色为“矢车菊蓝,着色 5,浅色 80%”。

12. 将第2行与第3行的分隔线设置为深蓝色双实线。

13. 在 K8 单元格内输入“制表日期:”，在 L8 单元格内输入当前日期，并设置格式为“*年*月*日”。

14. 将“基本工资”列中的数据设置为显示小数点后两位，使用货币符号“¥”，并使用千位分隔符。

15. 设置“基本工资”列所有小于 5000 元的单元格格式，将其字体颜色设置为绿色（使用条件格式设置）。

16. 将该表的所有行和列设置为合适的行高和列宽。

17. 复制“员工信息”工作表，将新得到的工作表重命名为“自动格式”，为该表中的第 2 行至第 6 行数据区域自动套用“表样式 3”格式。

实训详解

实训要求 1：在“拓展练习要求与素材.xlsx”工作簿中的“素材”工作表后插入一个新的工作表，将其命名为“员工信息”。

操作步骤

【步骤】打开“拓展练习要求与素材.xlsx”工作簿，在工作表标签右侧单击“+”按钮，在“素材”工作表后插入一个新工作表，默认工作表名为“Sheet1”，双击“Sheet1”，输入新工作表名“员工信息”，按<Enter>键确认。

实训要求 2：将“素材”工作表中的字段名行选择性粘贴（只粘贴数值）到“员工信息”工作表的 A1 单元格中。

操作步骤

【步骤】单击“素材”工作表标签，切换到该工作表，选中字段名行，单击“开始”选项卡中的复制“⧉”按钮，切换到“员工信息”表中，选中 A1 单元格，单击“开始”选项卡中的“粘贴”下拉按钮，在弹出的下拉列表中选择“值”选项。

实训要求 3：将“素材”工作表中的部门为“市场营销部”的记录（共 4 条）复制到“员工信息”工作表的 A2 单元格中，并清除复制后的单元格格式。

操作步骤

【步骤】在“素材”工作表中的第 9 行单元格中，选中第一条部门为“市场营销部”的记录，按住<Ctrl>键，拖曳鼠标选中第 18～20 行共 3 条记录，单击“开始”选项卡中的复制“”按钮。切换到“员工信息”表，在 A2 单元格中单击“开始”选项卡中的“粘贴”下拉按钮，在弹出的下拉列表中选择“值”选项。

实训要求 4：删除“出生年月”“何年何月毕业”“入党时间”“参加工作年月”“专业”“项目奖金”“福利”“出差津贴”“健康状况”列。

操作步骤

【步骤】在“员工信息”工作表中，单击“出生年月”列标，再按住<Ctrl>键，继续单击要删除列的列标，在被选中的列标上单击鼠标右键，在弹出的快捷菜单中选择“删除”命令。

实训要求 5：在“姓名”列前插入一列，在 A1 单元格中输入“编号”，在 A2 到 A5 单元格内使用填充句柄自动填入序号“1、2……”。

操作步骤

【步骤】在列标 A 上单击鼠标右键，在弹出的快捷菜单中选择“在左侧插入列”命令，设置列数为 1，插入一个新列，在 A1 单元格内输入“编号”，在 A2 单元格内输入 1，使用填充句柄填入序号“1、2……”。

实训要求 6：在“学历”列前插入一列，字段名为“身份证号码”，分别输入 4 名员工的身份证号“32108219851028××××”“32147819810301××××”“32001419810520××××”“32943419830512××××”。

操作步骤

【步骤】在“学历”列的列标上单击鼠标右键，在弹出的快捷菜单中选择“在左侧插入列”命令，设置列数为 1，插入一个新列，在新插入列的第 1 行中输入“身份证号码”，再在其下方几个空单元格内用输入数字文本的方式分别输入各员工的身份证号码（注意：先输入一个半角单引号，再输入数字即可得到数字文本）。

实训要求 7：在 B7 单元格中输入“部门性别比例：（女/男）”（输入冒号后换行），在 C7 单元格中输入比例（用分数形式表示）。

操作步骤

【步骤】 选中 B7 单元格，输入“部门性别比例:”，按<Alt+Enter>组合键即可在同一单元格内换行，继续输入“(女/男)”。选中 C7 单元格，先输入数字 0，按<Space>键，再输入“1/3”即可以分数形式输入内容。

实训要求 8：将工作表中所有的“硕士”替换为“研究生”，“专科”替换为“大专”。

操作步骤

【步骤 1】 将光标定位在 A1 单元格内，在“开始”选项卡中单击“查找”下拉按钮，在弹出的下拉列表中选择“替换”选项，弹出“替换”对话框，在该对话框中输入“查找内容”和“替换为”的内容，单击“全部替换”按钮，如图 17-1 所示。

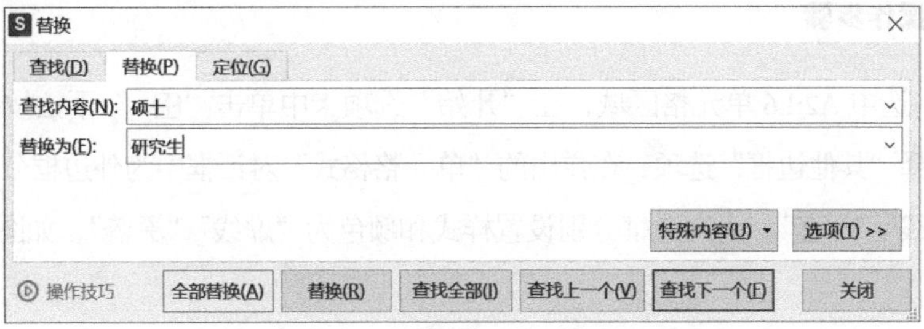

图 17-1

【步骤 2】 使用同样的方法将“专科”替换为“大专”，并关闭“替换”对话框。

实训要求 9：在第 1 行之前插入一行，将 A1 到 L1 单元格格式设置为跨列居中，并输入标题“市场营销部员工基本信息表”，设置文本字体为“仿宋”，字号为 12 磅，深蓝色。

操作步骤

【步骤】 在行号 1 上单击鼠标右键，在弹出的快捷菜单中选择“在上方插入行”命令，设置行数为 1，插入一个新行。选中 A1:L1 单元格区域，单击“开始”选项卡中的“合并”下拉按钮，在弹出的下拉列表中选择“跨列居中”选项，并输入标题“市场营销部员工基本信息表”，在“开始”选项卡中设置字体、字号和字体颜色分别为仿宋、12 磅、深蓝色，如图 17-2 所示。

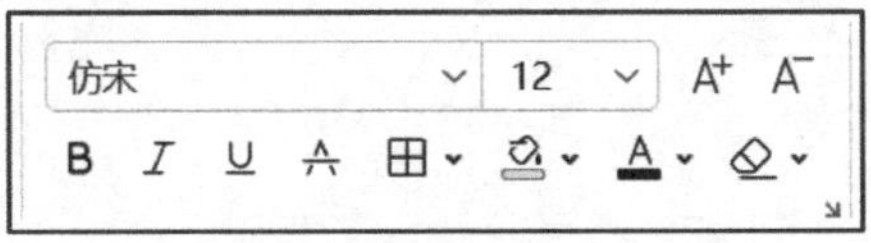

图 17-2

实训要求 10：设置字段名行的文本字体为“宋体”，字号为 10 磅，加粗；设置记录行的文本字体为“宋体”，字号为 10 磅；将 B7 单元格的文本加粗。

操作步骤

【步骤】选中 A2:L2 单元格区域，在“开始”选项卡中按要求将文本字体设置为“宋体”，字号为 10 磅，加粗。选中 A3:L8 单元格区域，将文本字体设置为“宋体”，字号为 10 磅。选中 B7 单元格，单击“开始”选项卡中的**B**按钮，使文本加粗。

实训要求 11：为工作表中除第 1 行和第 7 行外的数据区域设置边框格式，外边框为深蓝色粗实线，内边框为深蓝色虚线；字段名行的颜色为“矢车菊蓝,着色 5,浅色 80%”。

操作步骤

【步骤 1】选中 A2:L6 单元格区域，在“开始”选项卡中单击“田 ⌄”下拉按钮，在弹出的下拉列表中选择“其他边框”选项，在弹出的“单元格格式”对话框中为外边框分别设置样式和颜色为“粗实线”“深蓝”，为内边框分别设置样式和颜色为“虚线”“深蓝”，如图 17-3 所示。

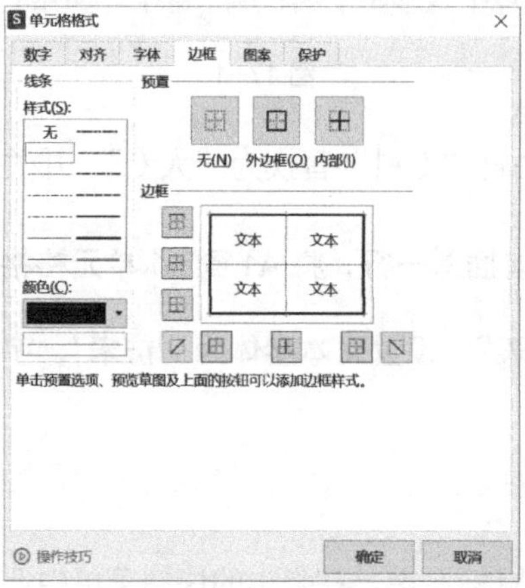

图 17-3

【步骤 2】选中 A2:L2 单元格区域，单击“开始”选项卡中的“◇ ⌄”按钮，设置填充颜色为“矢车菊蓝,着色 5,浅色 80%”。

实训要求 12：将第 2 行与第 3 行的分隔线设置为深蓝色双实线。

操作步骤

【步骤】选中 A2:L2 单元格区域，在“单元格格式”对话框中，为分隔线设置样式为深蓝色双实线，单击“确定”按钮。

实训要求 13：在 K8 单元格内输入“制表日期:”，在 L8 单元格内输入当前日期，并设置格式为“*年*月*日”。

操作步骤

【步骤】选中 K8 单元格，输入“制表日期:”，选中 L8 单元格，输入当前日期，并单击“开始”选项卡中的“常规 ∨”下拉按钮，在弹出的下拉列表中选择日期格式即可。

实训要求 14：将“基本工资”列中的数据设置为显示小数点后两位，使用货币符号“¥”，并使用千位分隔符。

操作步骤

【步骤】选中 L3:L6 单元格区域，单击鼠标右键，在弹出的快捷菜单中选择“设置单元格格式”命令，在弹出的“单元格格式”对话框中选择“数字”选项卡，在左侧的“分类”列表框中选择“货币”选项，将右侧的小数位数设置为“2”，货币符号设置为“¥”，如图 17-4 所示。

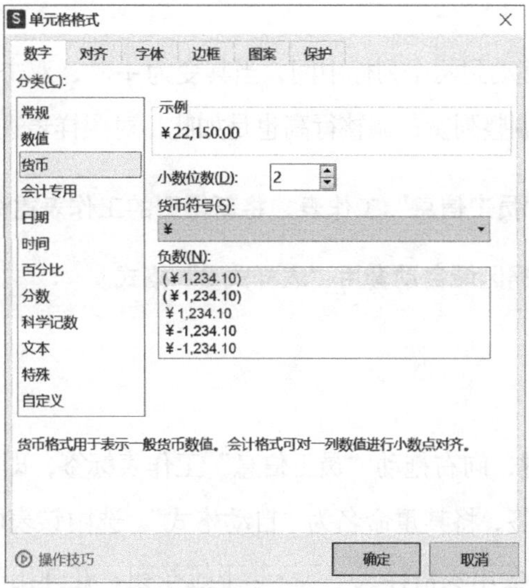

图 17-4

此外，也可以在“开始”选项卡中进行图 17-5 所示的设置。

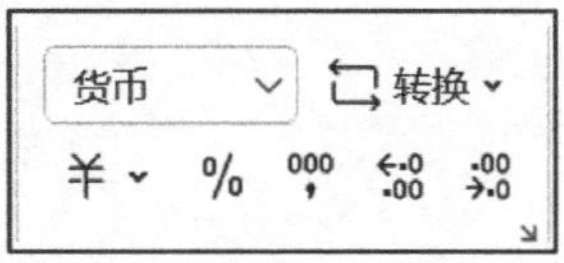

图 17-5

实训要求 15：设置“基本工资”列所有小于 5000 元的单元格格式，将其字体颜色设置为绿色（使用条件格式设置）。

操作步骤

【**步骤**】选中 L3:L6 单元格区域，单击“开始”选项卡中的“条件格式”下拉按钮，在弹出的下拉列表中选择“突出显示单元格规则”→“小于”选项，在弹出的“小于”对话框中进行相应设置即可，如图 17-6 所示。

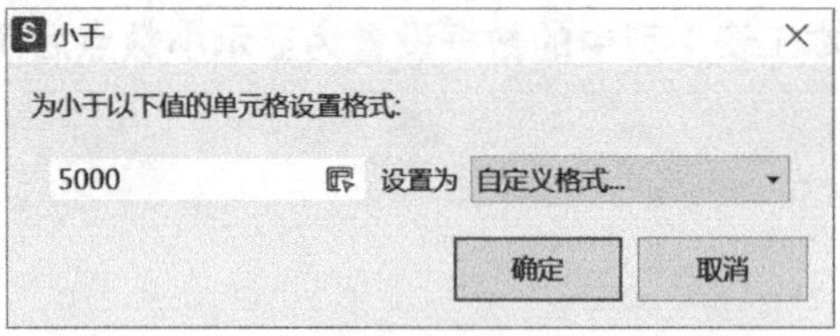

图 17-6

实训要求 16：将该表的所有行和列设置为合适的行高和列宽。

操作步骤

【**步骤**】将鼠标指针移动到两个列标中间，当其变为✛时，双击即可将列调整为最合适的列宽，拖动鼠标可以任意调整列宽；调整行高也是如此，对照样表进行设置即可。

实训要求 17：复制“员工信息”工作表，将新得到的工作表重命名为“自动格式”，为该表中的第 2 行至第 6 行数据区域自动套用“表样式 3”格式。

操作步骤

【**步骤**】按住<Ctrl>键，向右拖动“员工信息”工作表标签，即可复制一个“员工信息”工作表，双击新工作表标签，将其重命名为“自动格式”。选中该表中的第 2～6 行数据区域，单击“开始”选项卡中的套用表格样式“”下拉按钮，在弹出的下拉列表中选择“表样式 3”选项。

PART 18

产品销售表公式函数——基本练习

实训要求

1. 在“某月碳酸饮料送货销量清单”工作表中的淡蓝色背景区域内计算本月30位客户购买600mL、1.5L、2.5L、355mL这4种不同规格的饮料箱数的总和。

2. 在“某月碳酸饮料送货销量清单”工作表中的“销售额合计”列中计算所有客户本月销售额合计，销售额的计算方法为不同规格产品销售箱数乘以对应价格的总和，不同规格产品的价格在“产品价格表”工作表内。

3. 根据用户销售额在2000元以上（含2000元）享受八折优惠、1000元以上（含1000元）享受九折优惠的规定，在“某月碳酸饮料送货销量清单”工作表的“折后价格”列中计算所有客户本月销售额的折后价格。

4. 在“某月碳酸饮料送货销量清单”工作表的“上月累计”列中填入“产品销售额累计”工作簿的“产品销售额”工作表的“上月累计”列中的数据。

5. 在“某月碳酸饮料送货销量清单”工作表的“本月累计”列中计算截至本月所有客户的销售额总和。

6. 在“某月碳酸饮料送货销量清单”工作表的“每月平均”列中计算本年度前7个月所有客户的销售额平均值。

7. 将“销售额合计”“折后价格”“上月累计”“本月累计”“每月平均”所在列的文本格式设置为保留小数点后0位，并加上人民币符号“¥”。

8. 在“每月平均”列最下方计算前7个月平均销售额大于1000元的客户数量。

要求	1（1分）	2（1分）	3（2分）	4（1分）	5（2分）	6（1分）	7（1分）	8（1分）
评分								
总分								

PART 19 员工信息表公式函数——拓展练习

实训要求

根据以下步骤，完成员工工资的计算。

1. 在“员工工资表”中计算每个员工的应发工资（基本工资+项目奖金+福利），将其填入H2至H23单元格。

2. 在“职工出差记录表”中计算每个员工的出差补贴（出差天数×出差补贴标准），将其填入C2至C23单元格。

3. 回到“员工工资表”，在I列引用“职工出差记录表”中所计算出的“出差补贴”数据，在J列中计算员工的考勤（基本工资/30×缺勤天数，缺勤天数在“员工考勤表.xlsx”工作簿文件中）。

4. 在“员工工资表”中计算每个员工的税前工资（应发工资+出差补贴−考勤），将其填入K2至K23单元格。

5. 在“个人所得税计算表”中的“税前工资”所在列中引用“员工工资表”中的相关数据，并对“税前工资”列的数据进行取整计算。根据所得税的计算方法计算每个员工应该缴纳的个人所得税（税前工资超过5000元起征，税率为10%，为方便练习此处为虚拟假设），将结果填入C2至C23单元格。

6. 将“员工工资表”中剩余两列“个人所得税”和“税后工资”填写完整，将“税后工资”所在列的文本格式设置为保留小数点后2位，并加上人民币符号“¥”。

7. 在“员工工资表”中的L24和L25单元格中分别输入“最高税后工资”和“平均税后工资”，并在M24和M25单元格中使用函数计算出对应的数据。

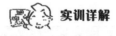

实训详解

实训要求1：在“员工工资表”中计算每个员工的应发工资（基本工资+项目奖金+福利），将其填入H2至H23单元格。

操作步骤

【步骤】将光标定位在 H2 单元格内，输入“=”，单击 E2 单元格，输入“+”，然后单击 F2 单元格，输入“+”，接着单击 G2 单元格，最后单击数据编辑栏左侧的✓按钮，当鼠标指针移动到填充句柄处变为➕后，拖动鼠标将公式复制到 H23 单元格中。

实训要求 2：在“职工出差记录表”中计算每个员工的出差补贴（出差天数×出差补贴标准），将其填入 C2 至 C23 单元格。

操作步骤

【步骤】单击“职工出差记录表”工作表标签，单击 C2 单元格，输入“=”，单击 B2 单元格，输入“*”，单击 C25 单元格，在数据编辑栏中的 C25 之间输入“$”，使其变为“C$25”，或按<F4>键切换单元格引用，最后单击数据编辑栏左侧的✓按钮确认操作，当鼠标指针移动到填充句柄处变为➕后，拖动鼠标将公式复制到 C23 单元格中。

实训要求 3：回到“员工工资表”，在 I 列引用“职工出差记录表”中所计算出的“出差补贴”数据，在 J 列中计算员工的考勤（基本工资/30×缺勤天数，缺勤天数在“员工考勤表.xlsx”工作簿文件中）。

操作步骤

【步骤 1】在“员工工资表”中单击 I2 单元格，输入“=”，单击“职工出差记录表”工作表标签，再单击 C2 单元格，单击数据编辑栏左侧的✓按钮确认操作，回到“员工工资表”中，当鼠标指针移动到填充句柄处变为➕后，拖动鼠标将公式复制到 I23 单元格中，即可完成在 I 列中引用“职工出差记录表”中所计算出的“出差补贴”的操作。

【步骤 2】在素材文件夹中打开“员工考勤表.xlsx”工作簿，回到“员工工资表”，单击 J2 单元格，输入“=”，单击 E2 单元格，输入“/30*”，单击“员工考勤表.xlsx”工作簿的“11 月份考勤表”中的 B2 单元格，单击数据编辑栏左侧的✓按钮确认操作，回到“员工工资表”中，再在数据编辑栏中删除B2 的两个“$”符号，或按<F4>键切换单元格引用，当鼠标指针移动到填充句柄处变为➕后，拖动鼠标将公式复制到 J23 单元格中。

实训要求 4：在“员工工资表”中计算每个员工的税前工资（应发工资+出差补贴-考勤），将其填入 K2 至 K23 单元格。

操作步骤

【**步骤**】单击 K2 单元格，输入“=”，单击 H2 单元格，输入“+”，单击 I2 单元格，输入“-”，单击 J2 单元格，最后单击数据编辑栏左侧的✓按钮确认操作，当鼠标指针移动到填充句柄处变为➕后，拖动鼠标将公式复制到 K23 单元格中。

实训要求 5：在“个人所得税计算表”中的“税前工资”所在列中引用“员工工资表”的相关数据，并对“税前工资”列的数据进行取整计算。根据所得税的计算方法计算每个员工应该缴纳的个人所得税（税前工资超过 5000 元起征，税率为 10%，为方便练习此处为虚拟假设），将结果填入 C2 至 C23 单元格。

操作步骤

【**步骤 1**】单击“个人所得税计算表”工作表标签，单击 B2 单元格，输入“=”，单击“员工工资表”工作表标签，单击 K2 单元格，最后单击数据编辑栏左侧的✓按钮确认操作，回到“个人所得税计算表”中，单击数据编辑栏，将光标定位在“=”右边，输入“int（”，将光标移动到最后，再输入“）”，单击数据编辑栏左侧的✓按钮确认操作，当鼠标指针移动到填充句柄处变为➕后，拖动鼠标将公式复制到 B23 单元格中（注意：“int()”为取整函数）。

【**步骤 2**】单击 C2 单元格，输入“=”，单击名称框右侧的下拉按钮，在弹出的下拉列表中选择“IF”选项，单击“确定”按钮，在“函数参数”对话框中按图 19-1 进行设置并单击“确定”按钮，再利用填充句柄将结果拖动到 C23 单元格。

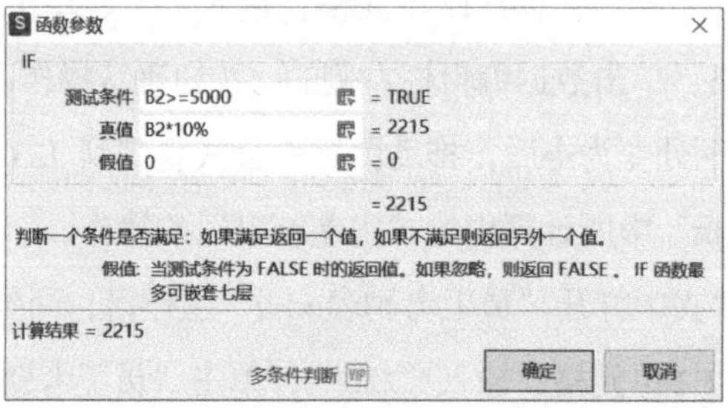

图 19-1

实训要求 6：将“员工工资表”中剩余两列“个人所得税”和“税后工资”填写完整，将“税后工资”所在列的文本格式设置为保留小数点后 2 位，并加上人民币符号“¥”。

操作步骤

【**步骤 1**】回到“员工工资表”，单击 L2 单元格，输入“=”，再单击“个人所得税计算表”

工作表标签，单击 C2 单元格，单击数据编辑栏左侧的✓按钮确认操作，回到“员工工资表”中，将鼠标指针移动到 L2 单元格的填充句柄处，拖动鼠标到 L23 单元格。

【步骤 2】单击 M2 单元格，输入“=”，单击 K2 单元格，输入“-”，单击 L2 单元格，单击数据编辑栏左侧的✓按钮确认操作，将鼠标指针移动到 M2 单元格的填充句柄处，拖动鼠标到 M23 单元格。

【步骤 3】选中 M2:M23 单元格区域，单击鼠标右键，在弹出的快捷菜单中选择“设置单元格格式”命令，在弹出的“单元格格式”对话框中选择“数字”选项卡，在左侧“分类”列表框中选择“货币”选项，将右侧的小数位数设置为“2”，货币符号设置为“¥”，如图 19-2 所示。

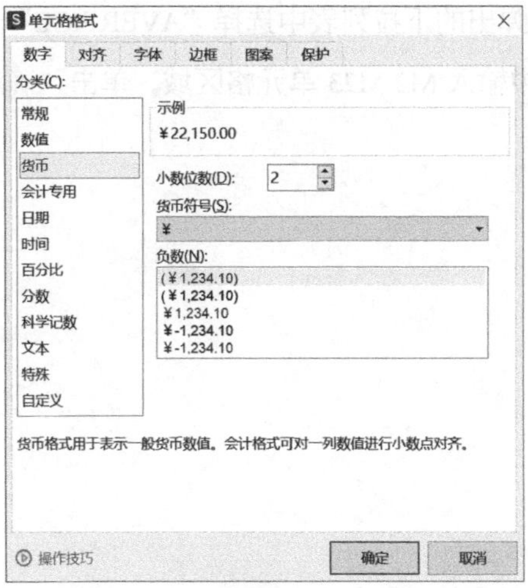

图 19-2

此外，也可以在“开始”选项卡中进行图 19-3 所示的设置。

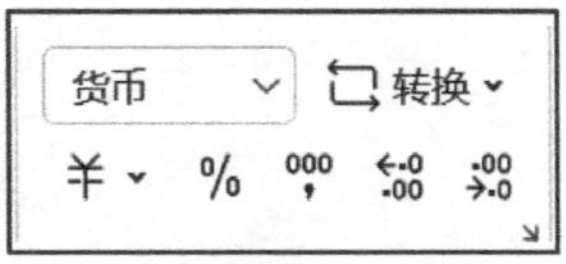

图 19-3

实训要求 7：在“员工工资表”中的 L24 和 L25 单元格中分别输入“最高税后工资”和“平均税后工资”，并在 M24 和 M25 单元格中使用函数计算出对应的数据。

操作步骤

【步骤 1】单击 L24 单元格，输入“最高税后工资”，单击 M24 单元格，输入“=”，单击名称框右侧的下拉按钮，在弹出的下拉列表中选择“MAX”选项，打开“函数参数”对话框，在“数值 1”文本框中输入 M2:M23 单元格区域，单击“确定”按钮，如图 19-4 所示。

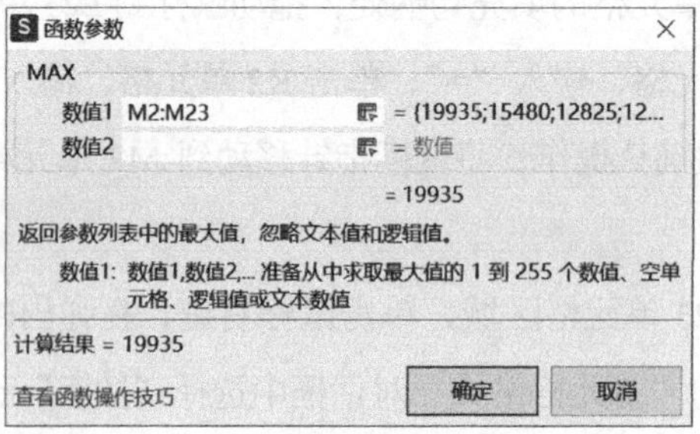

图 19-4

【步骤 2】单击 L25 单元格，输入“平均税后工资”，单击 M25 单元格，输入“=”，单击名称框右侧的下拉按钮，在弹出的下拉列表中选择“AVERAGE”选项，打开“函数参数”对话框，在“数值 1”文本框中输入 M2:M23 单元格区域，单击“确定”按钮。

PART 20

产品销售表数据分析——基本练习

实训要求

1. 将“某月碳酸饮料送货销量清单”工作表中的数据区域按照“销售额合计”降序重新排列。

2. 将该工作表重命名为“简单排序”，复制该工作表，将复制得到的新工作表重命名为“复杂排序”。

3. 在“复杂排序”工作表中，将数据区域以“送货地区”为第一关键字按照郑湖、望山、东楮的顺序，“销售额合计”为第二关键字降序，“客户名称”为第三关键字按笔画升序进行排列。

4. 复制“复杂排序”工作表，将复制得到的新工作表重命名为“筛选”，在此工作表内统计本月无效客户数，即销售量合计为0的客户数。

5. 在B33单元格内输入“本月无效客户数:”，在C33单元格内输入符合筛选条件的记录数。

6. 复制“筛选”工作表，将复制得到的新工作表重命名为“高级筛选”，并使其显示全部记录。筛选出本月高活跃率客户，即表格中本月购买的4种产品均在5箱以上（含5箱）的客户，将筛选出的结果复制至A36单元格中。

7. 在A41单元格内输入“望山区高活跃率客户实际销售额:”，在D41单元格内输入符合筛选条件的销售额。

8. 复制“简单排序”工作表，将复制得到的新工作表重命名为“分类汇总”，在该工作表中统计不同渠道的折后价格总额。

9. 复制“简单排序”工作表，将复制得到的新工作表重命名为“数据透视表”，在该工作表中统计各送货地区中不同渠道的销售量总和及实际销售价格总和。

10. 复制“简单排序”工作表，将复制得到的新工作表重命名为“数据合并”，在该工作表中统计各送货地区的销售量和实际销售价格的平均值。

要求	1 （1分）	2 （1分）	3 （1分）	4 （1分）	5 （1分）	6 （1分）	7 （1分）	8 （1分）	9 （1分）	10 （1分）
评分										
总分										

PART 21 员工信息表数据分析——拓展练习

实训要求

根据以下步骤，完成员工信息的相关数据分析。

1. 在“数据管理”工作表的 L1 单元格中输入“实发工资”，并计算每个员工的实发工资（基本工资+补贴+奖金），将其填入 L2 至 L23 单元格。

2. 将该工作表中的数据区域按照“实发工资”降序排列。

3. 将该工作表重命名为“简单排序”，复制该工作表，将复制得到的新工作表重命名为“复杂排序”。

4. 在“复杂排序”工作表中，将数据区域以“每月为公司进账”为第一关键字降序，“基本工资”为第二关键字升序，“工作年限”为第三关键字降序，“专业技术职称”为第四关键字且按照高级工程师、工程师、助理工程师、高级会计师、会计师、高级经济师、经济师、高级人力资源管理师、人力资源管理师、营销师、助理营销师顺序排列。

5. 复制“复杂排序”工作表，将复制得到的新工作表重命名为“筛选”，将该工作表的数据区域按照“姓名”字段的笔画数升序排列。

6. 统计该公司未来 5 年即将退休的人员，以确定新员工的招聘人数，退休年龄为 55 周岁（提示：筛选出“出生年月”为 1969 年 1 月到 1974 年 1 月的员工）。

7. 在 C25 单元格内输入“计划招聘:”，在 D25 单元格内输入符合筛选条件的记录数。

8. 复制“筛选”工作表，将复制得到的新工作表重命名为“高级筛选”，并显示全部记录，删除第 25 行的内容。根据以下条件筛选出技术骨干：年龄 40 周岁以下的，学位为硕士，非助理职称；年龄 40 周岁及以上的，学位为学士，高级职称。将筛选出的结果复制到 A29 单元格内。

9. 复制“简单排序”工作表，将复制得到的新工作表重命名为“分类汇总”，统计各部门的奖金总和（提示：使用分类汇总功能）。

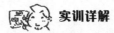

实训详解

实训要求 1：在“数据管理”工作表的 L1 单元格中输入“实发工资”，并计算每个员工的实发工资（基本工资+补贴+奖金），将其填入 L2 至 L23 单元格。

操作步骤

【步骤】在“数据管理”工作表中单击 L1 单元格，输入“实发工资”并按<Enter>键，选中 L2:L23 单元格区域，单击“开始”选项卡中的“∑ 求和 ⌄”按钮即可求出每个员工的实发工资。

实训要求 2：将该工作表中的数据区域按照“实发工资”降序排列。

操作步骤

【步骤】将光标定位在“实发工资”列中任意一个单元格内，单击“开始”选项卡中的“A↓ 排序 ⌄”下拉按钮，在弹出的下拉列表中选择“降序”选项即可。

实训要求3：将该工作表重命名为“简单排序”，复制该工作表，将复制得到的新工作表重命名为“复杂排序”。

操作步骤

【步骤】双击“数据管理”工作表标签，输入“简单排序”并按<Enter>键。按住<Ctrl>键，向右拖动“简单排序”工作表标签即可复制该工作表，双击新得到的工作表标签，输入“复杂排序”并按<Enter>键。

实训要求 4：在“复杂排序”工作表中，将数据区域以“每月为公司进账”为第一关键字降序，“基本工资”为第二关键字升序，“工作年限”为第三关键字降序，“专业技术职称”为第四关键字且按照高级工程师、工程师、助理工程师、高级会计师、会计师、高级经济师、经济师、高级人力资源管理师、人力资源管理师、营销师、助理营销师顺序排列。

操作步骤

【步骤】将光标定位在“复杂排序”工作表中任意一个有内容的单元格内，单击“开始”选项卡中的“A↓ 排序 ⌄”下拉按钮，在弹出的下拉列表中选择“自定义排序”选项，弹出“排序”对话框，如图 21-1 所示。

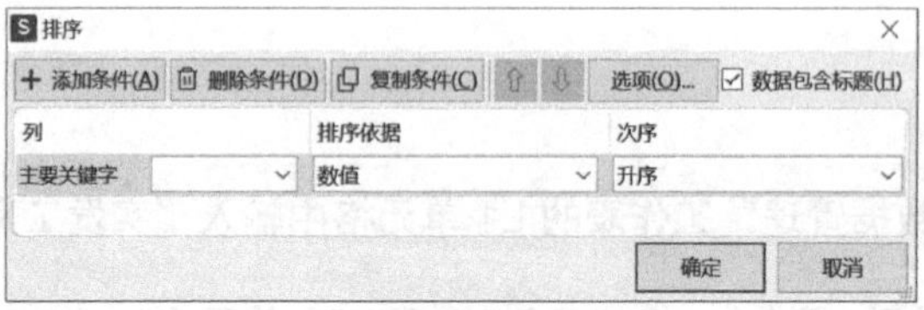

图 21-1

单击“主要关键字”右侧的下拉按钮，在弹出的下拉列表中选择“每月为公司进账”选项，将“次序”设为“降序”；再单击该对话框左上角的“添加条件”按钮，在“次要关键字”下拉列表中选择“基本工资”选项，将“次序”设为“升序”；重复刚才的操作，设定第二个次要关键字“工作年限”为“降序”；设定次要关键字“专业技术职称”时，在“次序”下拉列表中选择“自定义序列”选项，弹出“自定义序列”对话框，在“输入序列”列表框中按要求输入各职称序列，如图 21-2 所示。

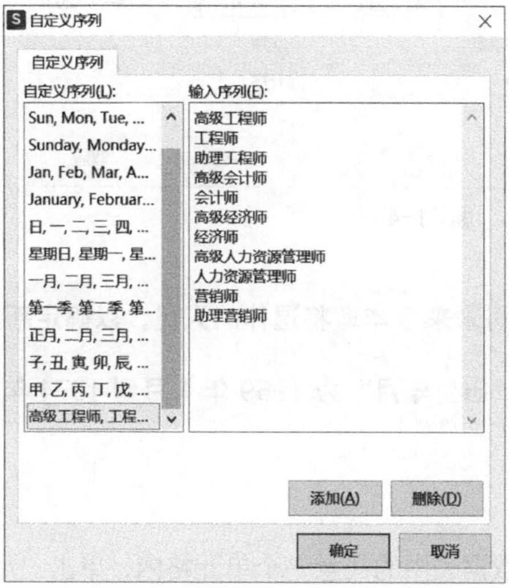

图 21-2

单击“添加”按钮，添加自定义序列，单击“确定”按钮，返回“排序”对话框，如图 21-3 所示。单击“确定”按钮，即可完成相应排序任务。

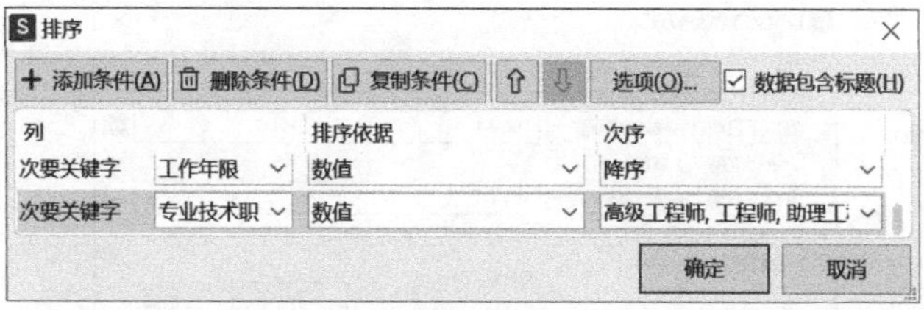

图 21-3

实训要求 5：复制“复杂排序”工作表，将复制得到的新工作表重命名为“筛选”，将该工作表的数据区域按照“姓名”字段的笔画数升序排列。

操作步骤

【步骤】按住<Ctrl>键，向右拖动“复杂排序”工作表标签即可复制该工作表，双击得到的新工作表，将其重命名为“筛选”。将光标定位在“姓名”列中的任意一个单元格中，单击“开始”选项卡中的“A↓排序 ⌄”下拉按钮，在弹出的下拉列表中选择“自定义排序”选项，弹出“排序”对话框，将“主要关键字”设为“姓名”，“次序”设为“升序”，再单击“选项”按钮，如图 21–4 所示，在弹出的“排序选项”对话框中选中“笔画排序”单选按钮，单击“确定”按钮，如图 21–5 所示，返回到“排序”对话框，单击“确定”按钮即可。

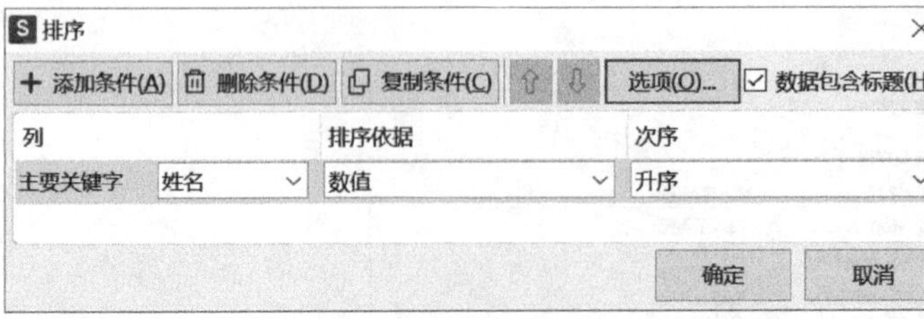

图 21–4

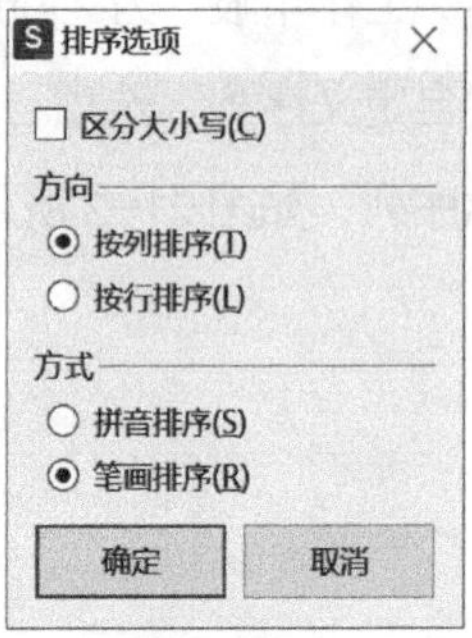

图 21–5

实训要求 6：统计该公司未来 5 年即将退休的人员，以确定新员工的招聘人数，退休年龄为 55 周岁（提示：筛选出“出生年月”为 1969 年 1 月到 1974 年 1 月的员工）。

操作步骤

【**步骤**】将光标定位在数据表中的任意一个单元格内，单击“开始”选项卡中的“筛选”按钮，再单击第 1 行“出生年月”右侧的筛选按钮，在弹出的下拉列表中选择“日期筛选”中的“介于”选项，在弹出的“自定义自动筛选方式”对话框中分别输入“1969-1”和“1974-1”并单击“确定”按钮，如图 21–6 所示。

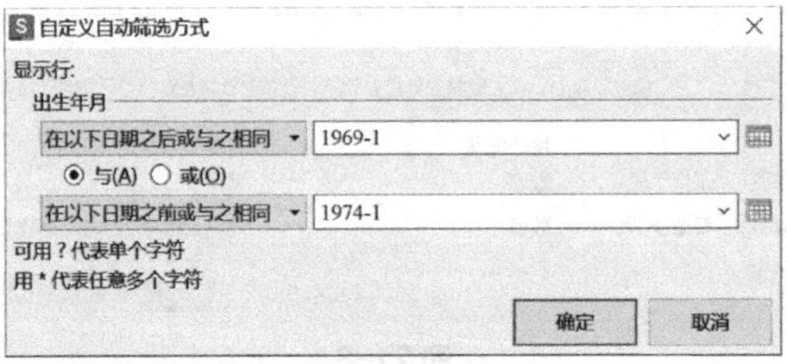

图 21–6

实训要求 7：在 C25 单元格内输入“计划招聘:”，在 D25 单元格内输入符合筛选条件的记录数。

操作步骤

【**步骤**】单击 C25 单元格，输入“计划招聘:”，单击 D25 单元格，输入筛选出的记录数。

实训要求 8：复制“筛选”工作表，将复制得到的新工作表重命名为“高级筛选”，并显示

全部记录，删除第 25 行的内容。根据以下条件筛选出技术骨干：年龄 40 周岁以下的，学位为硕士，非助理职称；年龄 40 周岁及以上的，学位为学士，高级职称。将筛选出的结果复制到 A29 单元格内。

操作步骤

【步骤 1】按住<Ctrl>键，向右拖动“筛选”工作表标签即可复制该工作表，双击得到的新工作表标签，输入“高级筛选”。取消选中“筛选”按钮，以显示全部记录。在第 25 行上单击鼠标右键，在弹出的快捷菜单中选择“删除”命令，删除第 25 行的内容。

【步骤 2】选中第 1 行中的“出生年月”“学位”“专业技术职称”，将其复制到 C25、D25 和 E25 单元格内，在 C26 单元格内输入“>1984-1”，在 D26 单元格内输入“硕士”，在 E26 单元格内输入“< >助理*”，在 C27 单元格内输入“<1984-1”，在 D27 单元格内输入“学士”，在 E27 单元格内输入“高级*”，如图 21-7 所示。

出生年月	学位	专业技术职务
>1984-1	硕士	<>助理*
<1984-1	学士	高级*

图 21-7

【步骤 3】将光标定位在上面的数据表中的任一单元格内，单击“开始”选项卡中的“筛选”下拉按钮，在弹出的下拉列表中选择“高级筛选”选项，弹出“高级筛选”对话框，按图 21-8 进行操作。

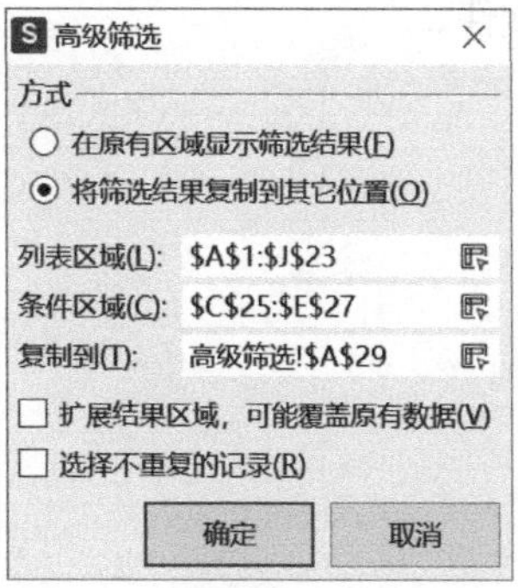

图 21-8

选中“将筛选结果复制到其他位置”单选按钮，将光标定位在“条件区域”方框中，选中 C25:E27 单元格区域，将光标定位在“复制到”方框中，单击 A29 单元格即可。

实训要求 9：复制“简单排序”工作表，将复制得到的新工作表重命名为“分类汇总”，统计各部门的奖金总和（提示：使用分类汇总功能）。

操作步骤

【**步骤**】按住<Ctrl>键，向右拖动“简单排序”工作表标签即可复制该工作表，双击得到的新工作表标签，输入“分类汇总”。将光标定位在“部门”列中的任意一个单元格内，在“数据”选项卡中单击“排序⌄”下拉按钮，在弹出的下拉列表中选择“升序”选项，将“部门”列按升序排列。单击“分类汇总”按钮，弹出“分类汇总”对话框，设置“分类字段”为“部门”，“汇总方式”为“求和”，在“选定汇总项”列表框中只选中“奖金”复选框，如图 21-9 所示，单击“确定”按钮。

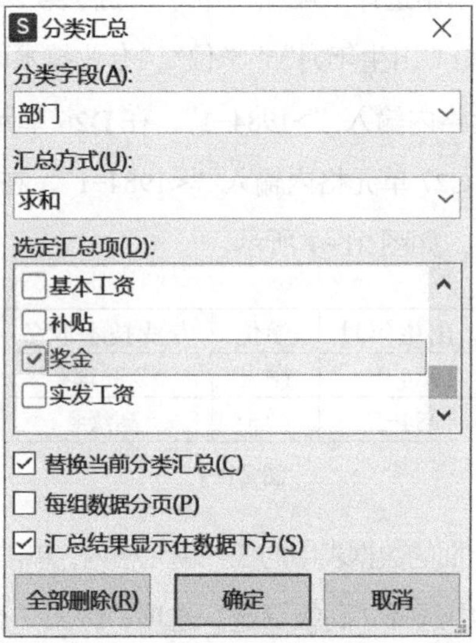

图 21-9

完成以上操作后保存并关闭文件。

PART 22

产品销售表图表分析——基本练习

实训要求

1. 利用提供的数据，选择合适的图表类型来展示“各销售渠道所占销售份额”。

2. 利用提供的数据，选择合适的图表类型来展示“各地区对 600mL 和 2.5L 两种容量产品的需求量比较”。

要求	1（4分）	2（6分）
评分		
总分		

PART 23 员工信息表图表分析——拓展练习

实训要求

利用提供的数据，采用图表的方式表示以下信息。

1. 产品在一定时间内的销售增长情况（选中数据源 A3:L3 和 A11:L11 单元格区域，在“插入”选项卡中选择图表类型、图表位置或进行其他设置）。

2. 产品销售方在一定时间内市场份额的变化（制作 2013 年的市场份额变化图表时，应选中数据源 A3:B10 单元格区域，在“插入”选项卡中选择图表类型、图表位置或进行其他设置。2023 年的市场份额变化图表的制作与 2013 年的制作方法相同）。

3. 出生人数与产品销售的关系（选中数据源 A3:L3 和 A11:L12 单元格区域，在“插入”选项卡中选择图表类型、图表位置或进行其他设置）。

实训详解

实训要求 1：产品在一定时间内的销售增长情况（选中数据源 A3:L3 和 A11:L11 单元格区域，在“插入”选项卡中选择图表类型、图表位置或进行其他设置）。

操作步骤

【步骤 1】在“素材”工作表后新建工作表，将其命名为“产品销售增长情况”。在“素材”工作表中，选中 A3:L3 单元格区域，按住<Ctrl>键，再选中 A11:L11 单元格区域，单击“插入”选项卡中的“ ”按钮，在“带数据标志的折线图”列表框中选择合适的选项，即可生成一张折线图。将得到的折线图选中，单击“图表工具”选项卡中的“移动图表”按钮，将图表移动到刚刚建立的“产品销售增长情况”工作表中。

【步骤 2】当鼠标指针移动到图表边框的控制点上并变为双箭头时，可以调节图表的宽度和高度。

【步骤 3】单击图例“ ”，按<Delete>键将其删除。

【步骤 4】在图表上单击鼠标右键，在弹出的快捷菜单中选择“设置图表区域格式”命令，在弹出的窗格中选择“填充与线条”选项卡，单击“填充”下拉按钮，选中“纯色填充”单选按钮，设定颜色为“白色,背景 1,深色 50%”。

【步骤 5】在图表的绘图区中单击鼠标右键，在弹出的快捷菜单中选择“设置绘图区格式”命令，在弹出的窗格中选择“填充与线条”选项卡，单击“填充”下拉按钮，选中“纯色填充”单选按钮，设定颜色为“白色,背景 1,深色 50%”。

【步骤 6】单击绘图区中的网格线，按<Delete>键将其删除。

【步骤 7】选中水平（类别）轴，单击鼠标右键，在弹出的快捷菜单中选择“设置坐标轴格式”命令，在弹出的窗格中选择“填充与线条”选项卡，选中“线条”中的“实线”单选按钮，设定颜色为“白色,背景 1”，线型宽度为 1.25 磅，其他设置如图 23-1 所示。

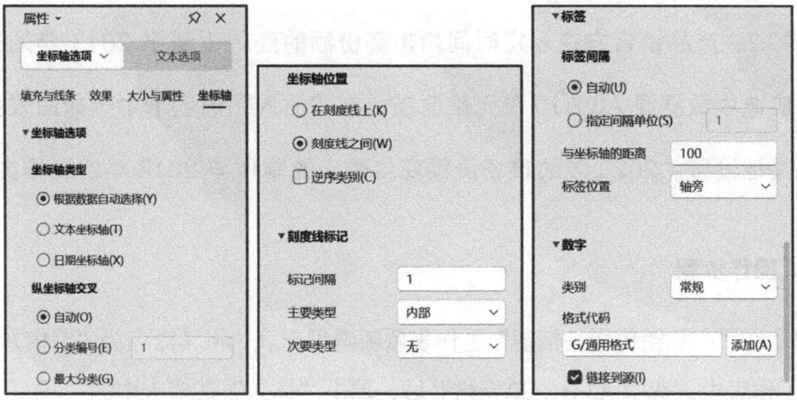

图 23-1

单击水平（类别）轴下方的数字，在“开始”选项卡中设置其字号为 12 磅，字体颜色为“白色,背景 1”。

【步骤 8】使用和步骤 7 同样的方法设置垂直（值）轴。

【步骤 9】选中“系列‘总额’点”，单击鼠标右键，在弹出的快捷菜单中选择“设置数据系列格式”命令，在弹出的窗格中选择“填充与线条”选项卡，单击“线条”下拉按钮，选中“实线”单选按钮，设置颜色为“橙色”，线型宽度为 3 磅。选择“效果”选项卡，单击“阴影”下拉按钮，设置颜色为“黑色,文本 1”。选择“填充与线条”选项卡，单击“标记”按钮，展开“数据标记选项”，具体设置如图 23-2 所示。

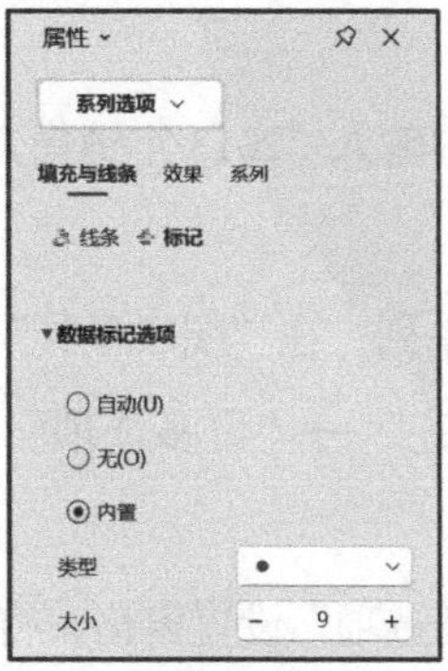

图 23-2

【步骤 10】选中图表标题，删除原来的文字，输入新标题“2013～2023 年产品销售情况”，并设置字体为“宋体”，字号为 14 磅，白色。

【步骤 11】在“图表工具”选项卡中单击“添加元素”下拉按钮，在弹出的下拉列表中选择“轴标题”→“主要纵向坐标轴”选项，选中出现在垂直（值）轴左边的“坐标轴标题”，将它移动到垂直（值）轴的上方，并在其中输入“销售额（百万元）”（其中，“（百万元）”另起一行），并设置字体为“宋体”，字号为 11 磅，白色。

【步骤 12】选中绘图区，当鼠标指针移动到垂直（值）轴的控制点上并变为双箭头时，向左拖动鼠标，将垂直（值）轴的数字移动到坐标轴标题下方。

实训要求 2：产品销售方在一定时间内市场份额的变化（制作 2013 年的市场份额变化图表时，应选中数据源 A3:B10 单元格区域，在“插入”选项卡中选择图表类型、图表位置或进行其他设置。2023 年的市场份额变化图表的制作与 2013 年的制作方法相同）。

操作步骤

【步骤 1】在“产品销售增长情况”工作表后新建工作表，将其命名为“销售方分布情况”。在“素材”工作表中，选中 A3:B10 单元格区域，单击“插入”选项卡中的“◔⌄”下拉按钮，在“三维饼图”列表框中选择合适的选项，即可生成一张三维饼图。选中三维饼图，单击“图表工具”选项卡中的“移动图表”按钮，将图表移动到刚刚建立的“销售方分布情况”工作表中。

【步骤 2】当鼠标指针移动到图表边框的控制点上并变为双箭头时，可以调节图表的宽度和高度。

【步骤 3】单击下方的图例，按<Delete>键将其删除。

【步骤 4】在图表上单击鼠标右键，在弹出的快捷菜单中选择“设置图表区域格式”命令，在弹出的窗格中选择“填充与线条”选项卡，单击“填充”下拉按钮，选中“纯色填充”单选按钮，设定颜色为“黑色”。

【步骤 5】单击绘图区，绘图区四周会出现控制点，当鼠标指针移动到控制点上并变为双箭头时，调整绘图区至适当大小。

【步骤 6】选中图表标题，在其中输入“2013 年销售方市场份额的分布情况”，并设置字体为“宋体”，字号为 14 磅，白色。

【步骤 7】单击饼图以选中数据系列，在“图表工具”选项卡中单击“添加元素”下拉按钮，在弹出的下拉列表中选择“数据标签”→“更多选项”选项，在弹出的窗格中进行设置，如图 23-3（a）和图 23-3（b）所示。

【步骤 8】双击饼图，弹出“系列选项”设置窗格，将“第一扇区起始角度”调整为 270°，

“点爆炸型”调整为 30%，如图 23-3（c）所示。

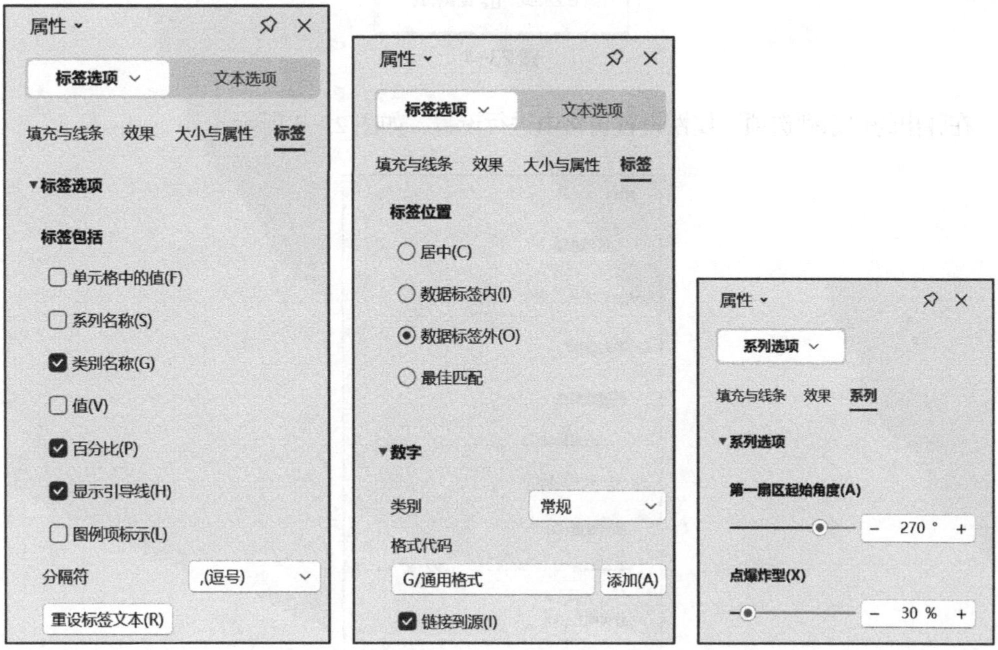

（a）　　　　　　（b）　　　　　　（c）

图 23-3

【步骤 9】适当拖动系列数据标签，使引导线显示出来，双击引导线，弹出“引导线选项”设置窗格，选择“填充与线条”选项卡，单击“线条”下拉按钮，选中“实线”单选按钮，设置颜色为“白色”。

实训要求 3：出生人数与产品销售的关系（选中数据源 A3:L3 和 A11:L12 单元格区域，在“插入”选项卡中选择图表类型、图表位置或进行其他设置）。

操作步骤

【步骤 1】在“销售方分布情况”工作表后新建工作表，将其命名为“销售与人口出生率”。在“素材”工作表中，选中 A3:L3 单元格区域，按住<Ctrl>键，再选中 A11:L12 单元格区域，单击“插入”选项卡中的“ ”下拉按钮，在“簇状柱形图”列表框中选择合适的选项，即可生成一张簇状柱形图。选中簇状柱形图，单击“图表工具”选项卡中的“移动图表”按钮，将图表移动到刚刚建立的“销售与人口出生率”工作表中。

【步骤 2】当鼠标指针移动到图表边框的控制点上并变为双箭头时，可以调节图表的宽度和高度。

【步骤 3】在“图表工具”选项卡的右侧选择“系列‘出生人数’”选项，并单击“设置格式”按钮，如图 23-4 所示。

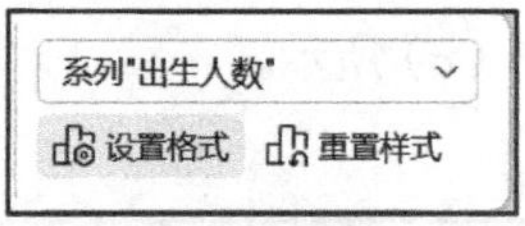

图 23-4

在弹出的“系列选项”属性设置窗格中进行设置，如图 23-5 所示。

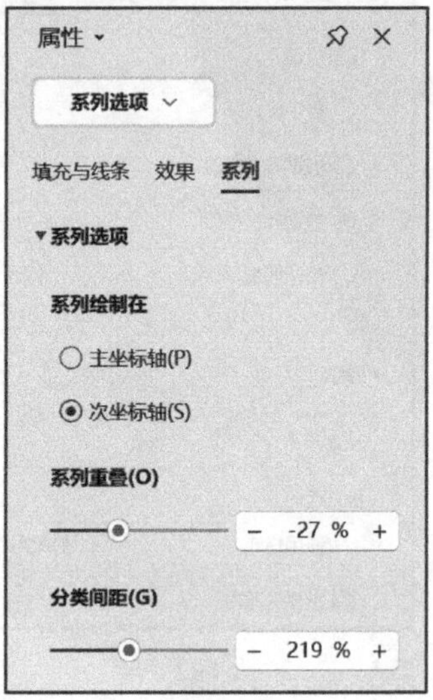

图 23-5

在“填充与线条”选项卡中设置“线条”为实线、橙色，线型宽度为 3 磅。

【步骤 4】在“图表工具”选项卡的右侧选择“系列‘总额’”选项，并单击“设置格式”按钮，在弹出的“系列选项”属性设置窗格中进行设置，设置图案填充为“窄横线”，前景色为“蓝色”，背景色为“白色”，如图 23-6 所示，设置边框颜色为“无颜色”。

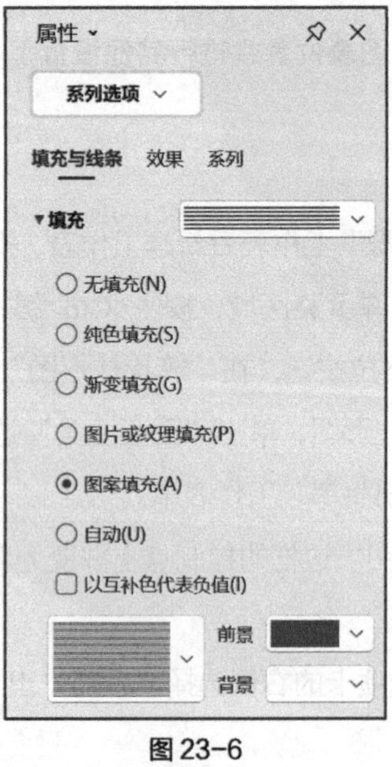

图 23-6

【**步骤 5**】在“图表工具”选项卡中单击“添加元素”下拉按钮，在弹出的下拉列表中选择“图表标题”→“图表上方”选项，添加图表标题。在图表标题文本框中输入“出生人数与产品销售的关系图”，并设置字体格式为“宋体”，字号为 12 磅。

【**步骤 6**】在“图表工具”选项卡中单击“添加元素”下拉按钮，在弹出的下拉列表中选择“轴标题”→“主要纵向坐标轴”选项，移动弹出的标题到主要纵坐标轴的上方，并在其中输入“销售额（百万元）”（其中，“（百万元）”另起一行）。

【**步骤 7**】在“图表工具”选项卡中单击“添加元素”下拉按钮，在弹出的下拉列表中选择“轴标题”→“次要纵向坐标轴”选项，移动弹出的标题到次要纵坐标轴的上方，并在其中输入“出生人数（百万）”（其中，“（百万）”另起一行）。

【**步骤 8**】双击图表下方的图例，在弹出的窗格中设置其边框为黑色实线。

【**步骤 9**】选中绘图区中的主要纵坐标轴的网格线，按<Delete>键将其删除。

PART 24 WPS 表格综合练习——基本练习

实训要求

根据以下步骤，完成图 24-1 所示的“2023 年度毕业生江浙沪地区薪资比较”图表，请根据自己的理解设置图表外观，不需要与图 24-1 完全一致。

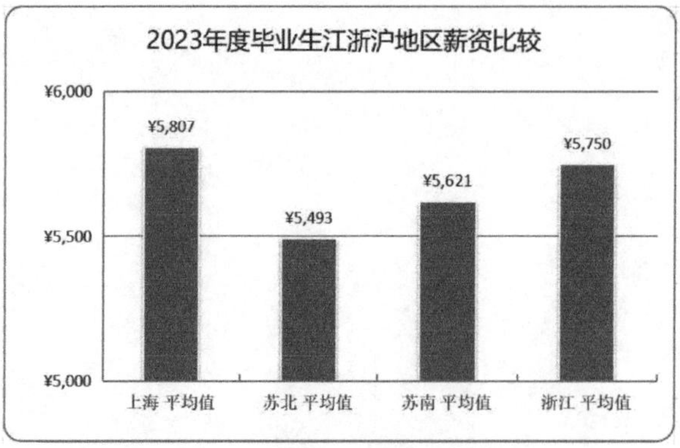

图 24-1

1. 复制此工作簿文件（4.5 综合应用要求与素材.xlsx）中的“素材”工作表，并将得到的新工作表命名为“2023 年度毕业生江浙沪地区薪资比较”。

2. 将“薪资情况”字段的数据按照以下标准把薪资范围替换为具体的值：①<5000 替换为 4800，②≥5000 且<6000 替换为 5500，③≥6000 且≤7000 替换为 6500，④>7000 替换为 7500。

3. 根据要统计的项目对数据进行排序和分类汇总。

4. 制作图表。

5. 对图表进行格式编辑。

要求	1（1分）	2（1分）	3（2分）	4（3分）	5（3分）
评分					
总分					

PART 25

“新产品发布”演示文稿制作——基本练习

实训要求

1. 创建一个名为“新产品发布”的演示文稿并保存该演示文稿。

2. 新建幻灯片，在每张幻灯片中插入相关文字、图片、艺术字、智能图形和表格等对象，并对它们进行基本格式设置，以美化幻灯片。

3. 为演示文稿“新产品发布”重新选择设计模板，并适当修改演示文稿的母版，以达到理想效果。

4. 为演示文稿“新产品发布”添加切换效果和自定义动画。

5. 为演示文稿“新产品发布”的目录（第 2 张幻灯片）与相应的幻灯片建立超链接，并确保超链接能成功使用。

要求	1（2分）	2（2分）	3（2分）	4（2分）	5（2分）
评分					
总分					

PART 26

中国传统节日制作——拓展练习

实训要求

以某一个中国传统节日为主题，并选择合适的内容素材，制作一个演示文稿，具体要求如下。

1. 至少要有10张幻灯片。
2. 第1张幻灯片是片头引导页（写明主题、作者及日期等）。
3. 第2张幻灯片是目录页。
4. 其他幻灯片中要有能够返回到目录页的超链接。
5. 使用在线设计模板或本地保存的设计模板，并利用母版功能修改演示文稿的风格（在适当位置放置符合主题的Logo或插入背景图片，在时间和日期区中插入当前日期，在页脚区中插入幻灯片编号），以更贴切的方式体现主题。
6. 选择适当的幻灯片版式，使用图、文、表混排内容（包括艺术字、文本框、图片、文字、自选图形、表格和图表等），要求内容新颖、充实、健康，版面协调美观。
7. 为幻灯片添加切换效果和自定义动画，以播放方便、适用为主，使演示文稿更具吸引力。
8. 合理组织信息内容，要有一个明确的主题和清晰的流程。

实训详解

实训要求1：以中秋节主题为例，制作第1张幻灯片。

操作步骤

【步骤1】启动WPS Office软件，单击标题栏右侧的“+”按钮，在弹出的对话框中选择“演示”选项，单击“空白演示文稿”按钮，新建一个空白演示文稿，以文件名“中秋节(小C).pptx”保存演示文稿。

【步骤2】在编辑区空白处单击鼠标右键，在弹出的快捷菜单中选择“版式”→“空白”命令，创建一张空白幻灯片。

提示：在“开始”选项卡中单击“版式”下拉按钮，选择“空白”选项，也可创建一张空白幻灯片。

【**步骤 3**】单击“设计”选项卡中的“背景”按钮，在弹出的“对象属性”窗格中选中“图片或纹理填充”单选按钮，在“图片填充”下拉列表中选择“本地文件”选项，在弹出的“选择纹理”对话框中选择素材文件夹中的背景图片“背景.jpg”，单击“打开”按钮。

【**步骤 4**】单击“插入”选项卡中的“艺术字”按钮，选择“填充-金色,着色 2,轮廓-着色 2”艺术字预设样式，并输入文字“情满中秋”，设置字体为“华文隶书”，字号为 80 磅，红色。

【**步骤 5**】单击“插入”选项卡中的“文本框”下拉按钮，选择“竖向文本框”选项，在右上方插入两个竖向文本框，其中的文字分别为“海上生明月”“天涯共此时”，设置字体为“华文行楷”，字号为 40 磅，黄色。

【**步骤 6**】单击“插入”选项卡中的“文本框”下拉按钮，选择“横向文本框”选项，在左下方插入两个横向文本框，其中的文字分别为“作者：小 C”“2024 年 9 月”，设置字体为“微软雅黑”，字号为 20 磅，橙色，效果如图 26-1 所示。

图 26-1

【**步骤 7**】设置动画效果。

（1）选中艺术字“情满中秋”，在“动画”选项卡中单击“擦除”按钮，设置动画属性为“自左侧”，如图 26-2 所示。

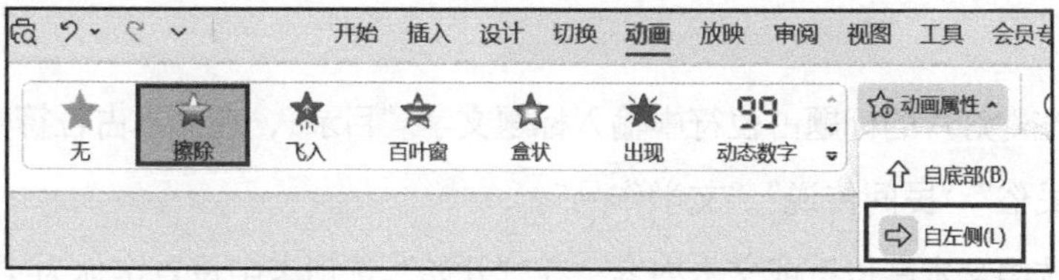

图 26-2

（2）选中“海上生明月”文本，在“动画”选项卡中单击“飞入”按钮，设置持续时间为

2秒。使用同样的方法为“天涯共此时”文本设置同一动画效果，如图26-3所示。

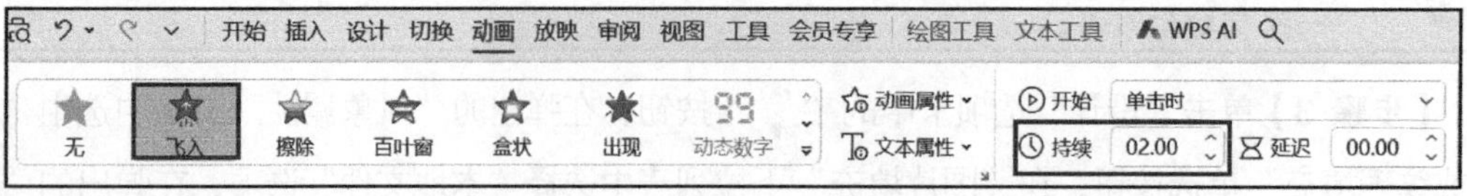

图26-3

（3）选中“作者：小C”文本，在“动画”选项卡中单击“飞入”按钮，设置动画属性为“自左侧”。使用相同的方法为“2024年9月”文本设置同一动画效果。

【步骤8】添加背景音乐。

（1）单击“插入”选项卡中的“音频”下拉按钮，选择“嵌入背景音乐”选项，弹出“从当前页插入背景音乐...”对话框。

（2）选中相应的音乐文件，单击“打开”按钮。

（3）此时，幻灯片中会出现一个小喇叭图标，在“音频工具”选项卡中，设置“开始”为“自动”，如图26-4所示。

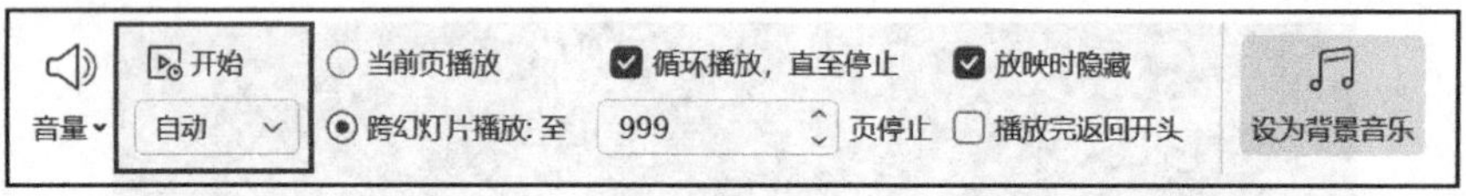

图26-4

【步骤9】当播放顺序有问题时，在动画窗格中选中背景音乐，单击“重新排序”后的“↑”按钮，对动画重新排序，把背景音乐调整到最上方，这样即可在幻灯片刚开始播放时就播放背景音乐。

至此，第1张幻灯片制作完毕。

实训要求2：制作第2张幻灯片。

操作步骤

【步骤1】单击“开始”选项卡中的“新建幻灯片”下拉按钮，在弹出的“新建单页幻灯片”下拉列表中选择“版式”选项，选择WPS下方列表框中的“标题和内容”选项，建立第2张幻灯片。

【步骤2】在幻灯片的标题占位符中输入标题文字“目录”，在文本占位符中依次输入“名称由来”“节日民俗”“民间传说”“文学作品”。

【步骤3】选中文本占位符或文本内容，在“开始”选项卡中设置字体为“黑体”，字号为28磅；单击段落功能区中的“↘（对话框启动器）”按钮，在弹出的“段落”对话框中设置1.5倍行距，段前12磅，段后0磅。

【步骤 4】设置动画效果。

（1）选中标题占位符或文字“目录”，在“动画”选项卡中单击“出现”按钮。

（2）选中文本占位符或所有文本内容，在“动画”选项卡中单击“擦除”按钮，设置动画属性为“自左侧”，设置开始为“单击时”。

实训要求 3：制作第 3～6 张幻灯片。

操作步骤

【步骤 1】单击“开始”选项卡中的“新建幻灯片”下拉按钮，在弹出的“新建单页幻灯片”下拉列表中选择“版式”选项，选择 WPS 下方列表框中的“标题和内容”选项，建立第 3 张幻灯片。

【步骤 2】在幻灯片的标题占位符中输入标题文字“名称由来”，将文本素材中“赏月”的相应内容粘贴到文本占位符中。

【步骤 3】设置动画效果。

（1）选中标题占位符或文字“名称由来”，在“动画”选项卡中设置进入效果为“切入”，设置动画属性为“自顶部”。

（2）选中文本占位符或所有文本内容，在“动画”选项卡中设置进入效果为“棋盘”，设置动画属性为“跨越”。

【步骤 4】重复步骤 1～步骤 3，制作第 4～6 张幻灯片，如图 26-5 所示。

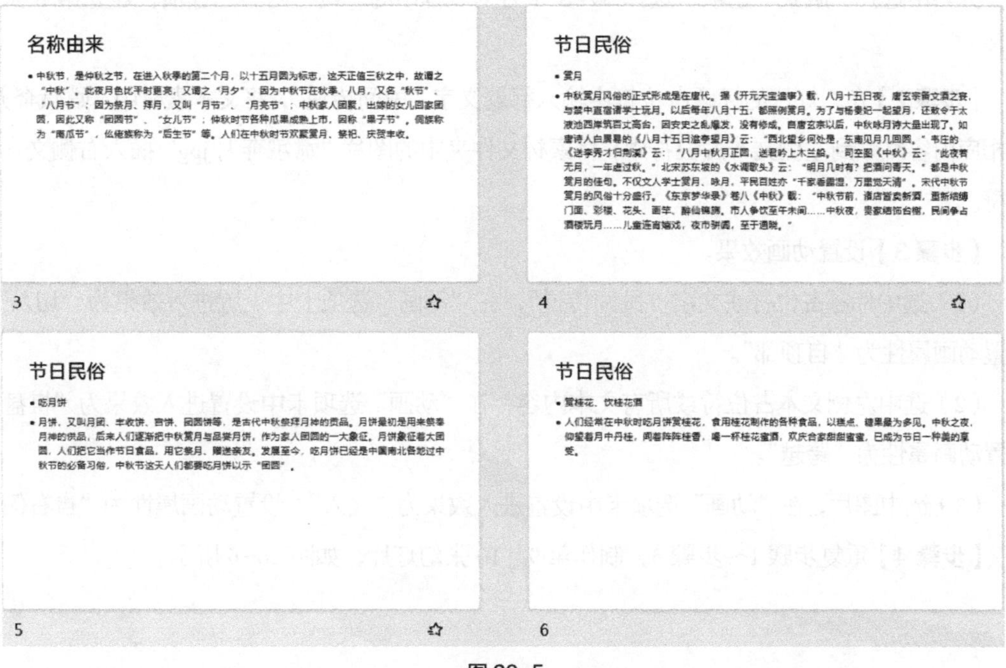

图 26-5

实训要求 4：制作第 7 张幻灯片。

操作步骤

【步骤 1】单击“开始”选项卡中的“新建幻灯片”下拉按钮，在弹出的“新建单页幻灯片”下拉列表中选择“版式”选项，选择 WPS 下方列表框中的“标题和内容”选项，建立第 7 张幻灯片。

【步骤 2】在幻灯片的标题占位符中输入标题文字“节日民俗”，将素材文件夹中的图片“节日民俗.jpg”插入文本占位符。

【步骤 3】设置动画效果。

（1）选中标题占位符或文字“节日民俗”，在“动画”选项卡中设置进入效果为“切入”，设置动画属性为“自顶部”。

（2）选中图片，在“动画”选项卡中设置进入效果为“渐变式缩放”，设置持续时间为 1 秒。

实训要求 5：制作第 8～10 张幻灯片。

操作步骤

【步骤 1】单击“开始”选项卡中的“新建幻灯片”下拉按钮，在弹出的“新建单页幻灯片”下拉列表中选择“版式”选项，选择 WPS 下方列表框中的“两栏内容”选项，建立第 8 张幻灯片。

【步骤 2】在幻灯片的标题占位符中输入标题文字“民间传说”，将文本素材中“嫦娥奔月”的相应内容粘贴到左侧文本占位符中，将素材文件夹中的图片“嫦娥奔月.jpg”插入右侧文本占位符。

【步骤 3】设置动画效果。

（1）选中标题占位符或文字“民间传说”，在“动画”选项卡中设置进入效果为“切入”，设置动画属性为“自顶部”。

（2）选中左侧文本占位符或所有文本内容，在“动画”选项卡中设置进入效果为“棋盘”，设置动画属性为“跨越”。

（3）选中图片，在“动画”选项卡中设置进入效果为“飞入”，设置动画属性为“自右侧”。

【步骤 4】重复步骤 1～步骤 3，制作第 9、10 张幻灯片，如图 26-6 所示。

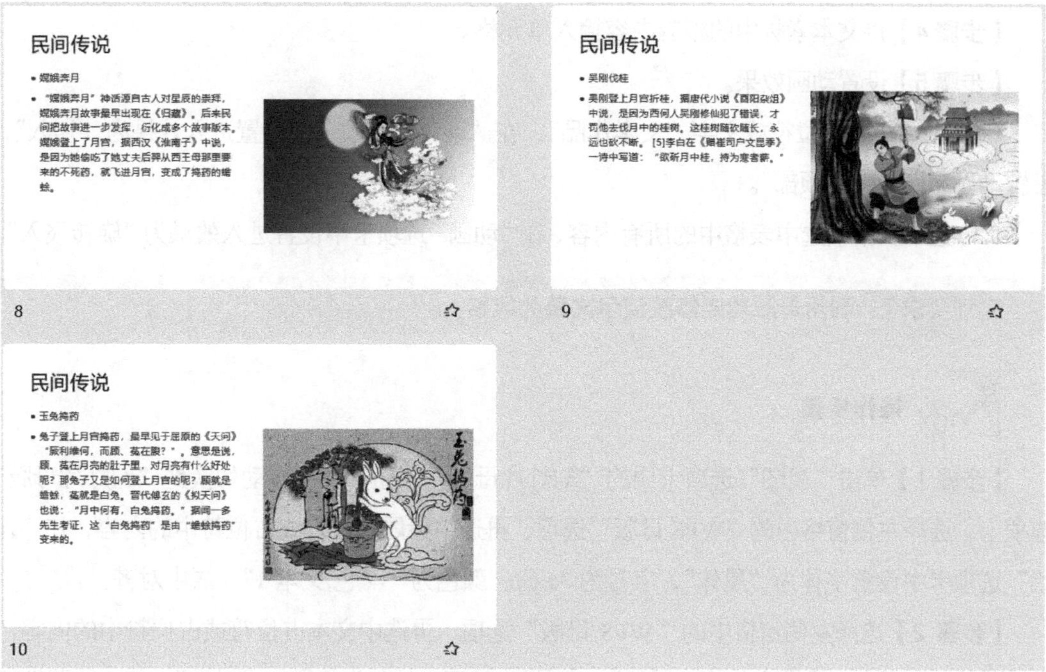

图 26-6

实训要求 6：制作第 11 张幻灯片。

操作步骤

【步骤 1】单击“开始”选项卡中的“新建幻灯片”下拉按钮，在弹出的“新建单页幻灯片”下拉列表中选择“版式”选项，选择 WPS 下方列表框中的“标题和内容”选项，建立第 11 张幻灯片。

【步骤 2】在幻灯片的标题占位符中输入标题文字“文学作品”，在文本占位符中插入 12 行 3 列的表格，选中第 1 列和第 2 列，单击“表格工具”选项卡，设置行高为 1.1 厘米，列宽为 4 厘米，如图 26-7 所示。

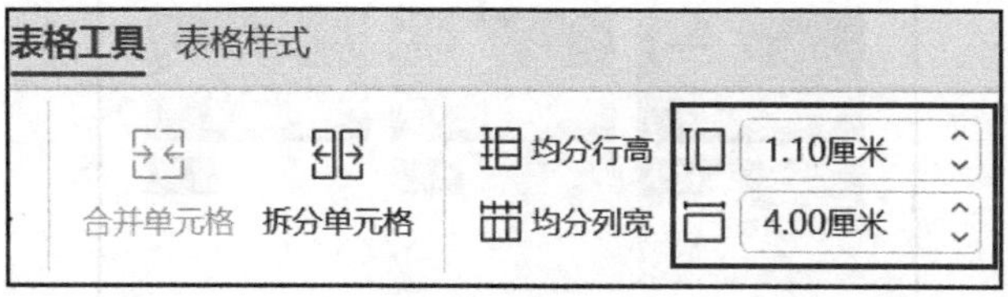

图 26-7

【步骤 3】选中第 1 列的第 3～8 行，单击“表格工具”选项卡中的“合并单元格”按钮，将其合并成一个单元格，选中第 1 列的第 9～11 行，单击“表格工具”选项卡中的“合并单元格”按钮，将其合并成一个单元格。

【步骤 4】将文本素材中的相应内容输入单元格。

【步骤 5】设置动画效果。

（1）选中标题占位符或文字“文学作品”，在“动画”选项卡中设置进入效果为“切入”，设置动画属性为“自顶部”。

（2）选中表格或选中表格中的所有内容，在“动画”选项卡中设置进入效果为“旋转飞入”。

实训要求 7：利用母版功能修改演示文稿的风格。

操作步骤

【步骤 1】单击“视图”选项卡中的“幻灯片母版”按钮，系统自动切换到“幻灯片母版”选项卡，选择左侧窗格中的“WPS 母版”选项，再选中标题占位符或占位符中的内容，在“开始”选项卡中设置字体为“黑体”，字号为 36 磅，颜色为“黑色,文本 1”，居中对齐。

【步骤 2】选择左侧窗格中的“WPS 母版”选项，再选中文本占位符或占位符中的内容，在“开始”选项卡中设置字体为“黑体”，字号为 20 磅，颜色为“黑色,文本 1”；单击段落功能区中的“↘（对话框启动器）”按钮，在弹出的“段落”对话框中设置 1.5 倍行距，段前 6 磅，段后 0 磅。

【步骤 3】选择左侧窗格中的“WPS 母版”选项，单击“插入”选项卡中的“图片”按钮，在弹出的下拉列表中选择“本地图片”选项，弹出“插入图片”对话框，选择要插入的图片“秋.jpg”，并调整图片大小，使之完全覆盖整个编辑区。

【步骤 4】选中图片，单击“图片工具”选项卡中的“透明度”按钮，在弹出的对话框中设置自定义透明度为 80%，如图 26-8 所示。选中图片并单击鼠标右键，在弹出的快捷菜单中选择“置于底层”命令。

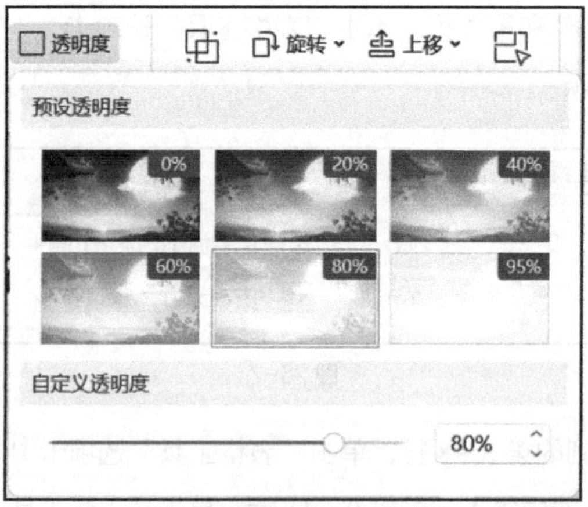

图 26-8

【步骤 5】单击“插入”选项卡中的“页眉页脚”按钮，在弹出的“页眉和页脚”对话框中选中“幻灯片编号”和“标题幻灯片不显示”复选框，单击“全部应用”按钮。

【步骤 6】选择“幻灯片母版”选项卡，单击“关闭”按钮，可查看到幻灯片都已按照母版进行了修改。

实训要求 8：为幻灯片添加超链接和切换效果。

操作步骤

【步骤 1】选择第 2 张幻灯片，选中文字“名称由来”，单击“插入”选项卡中的“超链接”按钮，在弹出的“插入超链接”对话框中选中左侧列表框中的“本文档中的位置”选项，在右侧列表框中选择第 3 张幻灯片“3.名称由来”，单击“确定”按钮，如图 26-9 所示。

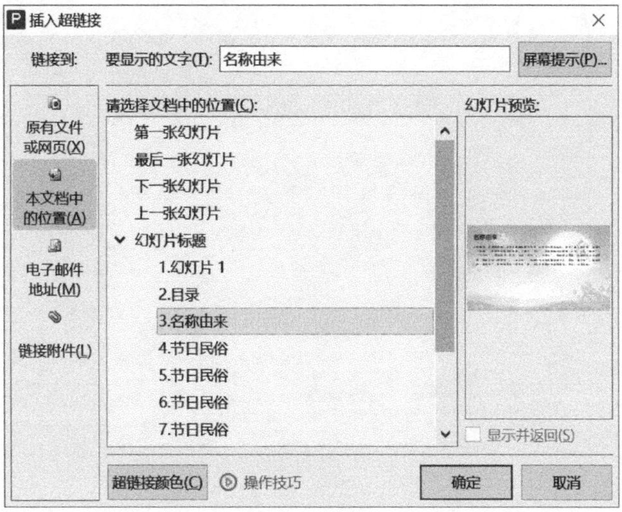

图 26-9

【步骤 2】重复步骤 1，分别将“节日民俗”“民间传说”“文学作品”超链接到第 4、8、11 张幻灯片。

【步骤 3】选择第 3 张幻灯片，单击“插入”选项卡中的“形状”按钮，在弹出的下拉列表中选择“基本形状”→“棱台”选项，在幻灯片右下角绘制一个棱台，并调整图形大小。

【步骤 4】选中棱台形状，单击“绘图工具”选项卡中形状样式列表右侧的下拉按钮，在弹出的下拉列表中选择一个主题颜色，选中预设样式中的“填充-实线-阴影”选项。

【步骤 5】选中棱台并单击鼠标右键，在弹出的快捷菜单中选择“编辑文字”命令，输入“返回目录”，选中文本，在“开始”选项卡中设置文本字号为 14 磅。

【步骤 6】选中棱台，单击“插入”选项卡中的“超链接”按钮，在弹出的“插入超链接”对话框中选中左侧列表框中的“本文档中的位置”选项，在右侧列表框中选择第 2 张幻灯片“2.目录”，单击“确定”按钮。

【步骤7】选中棱台，在“动画”选项卡中设置进入效果为“盒状”，设置动画属性为“外”，开始为“上一动画之后”，持续时间为0.5秒。

【步骤8】选中棱台，按<Ctrl+C>组合键复制，并按<Ctrl+V>组合键将棱台分别粘贴到第7、10、11张幻灯片。

【步骤9】选中任意一张幻灯片，在“切换”选项卡中设置切换效果为“开门”，单击“应用到全部”按钮。

至此，一个节日主题的演示文稿制作完毕。